居家花艺知识丛书

家庭养花

徐帮学 等编

 化学工业出版社

·北京·

本书主要介绍了家庭养花基本知识和常见的小窍门，包括常见花卉基本知识、花卉养护要点与常见禁忌、家庭花卉水肥管理一点通、家庭花卉病虫害防治一点通、家庭花卉繁殖育苗一点通、家庭花卉绿植选择与摆放一点通、健康花草选育一点通等知识。

本书通俗易懂，图文并茂，融知识性、实用性为一体，适合广大花卉种植户、花木培育企业员工、园林工作者阅读使用，也适合高等学校园林专业和环境艺术设计专业的学生、室内设计师、室内植物装饰爱好者及所有热爱生活的读者学习参考。

图书在版编目（CIP）数据

家庭养花/徐帮学等编. —北京：化学工业出版社，2018.1

（居家花艺知识丛书）

ISBN 978-7-122-30930-3

Ⅰ.①家… Ⅱ.①徐… Ⅲ.①花卉-观赏园艺-基本知识 Ⅳ.①S68

中国版本图书馆CIP数据核字（2017）第272549号

责任编辑：董　琳　　　　　　　　　　装帧设计：张　辉
责任校对：王素芹

出版发行：化学工业出版社（北京市东城区青年湖南街13号　邮政编码100011）
印　　刷：北京京华铭诚工贸有限公司
装　　订：北京瑞隆泰达装订有限公司
787mm×1092mm　1/16　印张12　字数294千字　2018年3月北京第1版第1次印刷

购书咨询：010-64518888（传真：010-64519686）　　售后服务：010-64518899
网　　址：http://www.cip.com.cn
凡购买本书，如有缺损质量问题，本社销售中心负责调换。

定　　价：48.00元

前 言

随着人们生活水平的提高，人们对家居环境布置提出了更高的要求。居家养花是一种很好的修身养性、怡情娱乐、美化生活、装饰环境的艺术活动。时尚、自然、环保、健康成为时下人们对花卉绿植追求的理念。我国的花卉不仅资源丰富，许多花卉还具有一定的抑菌杀菌功能，有的花卉还可以吸收空气中的有毒物质，如月季、百合、石竹、吊兰、龟背竹、紫罗兰等，都有吸收空气中甲醛、氮氧化物及苯的衍生物等有害气体的作用，而且有的花卉还具有一定的食用价值和很高的药用功效，这些在我国传统医学书籍中都有着相关的记载。

花卉在我们的日常生活中十分常见，它们可以把我们的家装点成一个绿色、环保、健康的生活空间。各种适合家庭栽培的健康花卉、盆景绿植、水培花卉不仅会令您赏心悦目，更能让您的居住环境与家庭生活增添几分光彩与几分优雅。要想成为绿植花卉养护高手，就要充分了解各种花卉的形貌特征，从选取到栽培，从养护到摆放，对各种花艺必备知识了然于胸。由此，我们特组织编写了《居家花艺知识丛书》。

《居家花艺知识丛书》包括以下 4 个分册：《家庭养花》《盆景制作》《水培花卉》《插花设计》。本丛书图文并茂，既有家庭养花基本知识的介绍，又有水培花卉、盆景制作以及插花设计等知识的深入介绍。本丛书主要针对大众花卉爱好者及所有热爱生活的读者。丛书没有晦涩难懂的花卉学理论知识，书中介绍花卉绿植在居家布置与栽培方面的一些有用的常识，期待读者能够从阅读和参考中认识更多的花卉，了解更多的花卉知识，在享受大自然慷慨馈赠的同时，增添更多生活情趣。

本丛书在编写的过程中得到了许多同行、朋友的帮助，在此我们感谢为本丛书的编写付出辛勤劳动的各位编者。参与本丛书编写的人员如下：徐帮学、田勇、徐春华、侯红霞、袁飞、马枭、李楠、汪洋、罗振、刘佳、石晓娜、汤晨龙等。在本丛书编写过程中还得到宋学军、李刚、高汉明等的帮助，在此对他们的付出表示诚挚感谢！

由于编者水平有限，书中难免有疏漏与不妥之处，恳请相关专家或广大读者提出宝贵意见。

编者
2017 年 10 月

目 录

第一章 常见花卉基本知识

花卉，种类繁多，花形各异，花色鲜艳，功能也有很多，常做观赏之用。本章主要介绍了花卉的基本常识和花卉主要分类，以及如何去挑选花卉等方面的基本知识。

第一节 认识花卉

除了具有观赏价值的草本植物外，花卉还包括草本、木本的地被植物、花灌木、开花乔木、盆景以及温室观赏植物等。本节主要简单介绍花卉的构成、生长规律、色彩与芳香的形成以及家庭养花的各种作用。

一、花卉的基本含义

从自然科学角度来说，花与卉是两个含义不同的字，通俗地讲，"花"是植物的繁殖器官，"卉"是草的总称。把具有观赏价值的灌木和可以盆栽的小乔木包括在内，统称为"花卉"，严格地说，花卉有狭义和广义两种意义。

1. 狭义

狭义来讲，花卉仅指具有观赏价值的草本植物，如菊花、鸡冠花等。但是随着社会的发展，科学技术越来越发达，人们的审美趣味也在不断变化，对于植物的欣赏水平也在不断提高，所以对于花卉的定义范围也在不断扩大。今天我们所说的"花卉"则更多是指广义上的花卉。图1-1所示为花卉景观。

2. 广义

花卉在广义方面的定义，除了包括具有欣赏价值的草本植物外，也包括草本或木本的地被植物、开花乔木、花灌木以及盆景等。比如景天类、麦冬类、丛生福禄考等地被植物，桃花、梅花、山茶、月季等乔木及花灌木等。

图 1-1　花卉景观

　　除此之外，南方的高大乔木和灌木，在移居寒冷北方后，只能做温室盆栽观赏，如印度橡皮树、白兰以及棕榈植物等。这些也被划入广义花卉的范围内。

二、花朵的组成

　　通常来讲，花是由五大部分组成的，包含花梗、花被（花托、花萼）、花冠、雄蕊（花丝、花药）和雌蕊（柱头、花柱、子房），而常说的花蕊（图 1-2）是雄蕊和雌蕊的统称，具有生殖功能。花被是花萼和花冠的合称，具有保护和引诱昆虫的作用。花梗和花托则是用来支撑花的形态。

图 1-2　漂亮的花蕊

1. 花梗

　　花梗是指生长在茎上的短柄，它是连接茎和花的通道，具有支持和输导水分、营养的作用。

2. 花托

　　花托是指花梗的顶端膨大的部分。花萼、花冠、雄蕊、雌蕊各部分依次由外至内成轮状排列生于花托上。

3. 花被

花被包括花萼和花冠。

（1）花萼 若干萼片组成花萼，一般呈绿色，位于花的最外轮。有离生萼、合生萼、早落萼、宿存萼、副萼、冠毛之分。

（2）花冠 花冠位于花萼的内轮，由花瓣组成。不同种类的花卉，其花萼和花瓣差别较大，千姿百态，类型繁多，且形状、颜色、大小以及层次各不相同，是花卉最具观赏性的部位。

4. 雄蕊

雄蕊在花冠的内轮，由花丝和花药两部分共同组成。

（1）花丝 花丝细长呈柄状，具有支撑花药的作用。

（2）花药 花药呈囊状或双唇状，位于花丝的顶端，是花粉粒形成的部位，一般由 2 个或 4 个药室组成，中间部位称为药隔。

5. 雌蕊

雌蕊是由柱头、花柱和子房三部分组成的，在花的中央部分。构成雌蕊的变态叶称为心皮，分腹缝线和背缝线。

（1）柱头 柱头在雌蕊的先端，由它接受花粉。而且柱头分泌黏液，可黏着花粉粒以及促进花粉粒萌发。

（2）花柱 花柱是指柱头和子房之间的部位，花粉由花柱进入子房。

（3）子房 子房是雌蕊基部膨大呈囊状的部分，由子房壁、胎座、胚珠组成，是雌蕊的主要部分。

三、花香与花卉色彩

花卉以其炫目绮丽的色彩、翠绿欲滴的叶片、沁人心脾的芳香、秀丽独特的风韵，为人们创造优美、舒适的环境，给人们带来愉快、幸福和希望。可是你知道怡人的花香和绚丽的色彩是怎么形成的吗？

1. 花卉会散发出香气

在花卉的花瓣中有一种能产生各种芳香油类物质（香精油）的油细胞，且芳香具有强烈的挥发性。在盛开的季节，这些芳香油的分子便会不断挥发，以游离状态飘浮在空气中，人们便会闻到香味。不同的花卉中，芳香油的化学成分组成不同，所以花卉具有各种各样的花香。

2. 花卉呈现万紫千红的色彩

花瓣的细胞内一般都含有花青素、胡萝卜素、叶黄素和黄酮化合物等色素。若没有这些色素，花瓣就表现为白色；当细胞内含有大量花青素时，花瓣会在红、紫、蓝三色之间变化；当细胞内含有大量叶黄素时，花瓣一般是黄色或淡黄色；当细胞内含有大量胡萝卜素时，花瓣颜色为深黄色和橘红色；至于其他颜色则是由黄酮化合物决定的。图 1-3 所示为万紫千红的玫瑰花。

图 1-3　万紫千红的玫瑰花

花瓣颜色之多，高达几十种，而这些花色不一、深浅各异的色彩主要是由于花瓣内所含的色源物质和白色体之间的含量比例不同。

在生活中，很少看见绿色的花瓣，菊花中倒有，如绿云、绿孔雀、绿朝云、绿衣使者、绿牡丹等。之所以表现为绿色，主要是这些花瓣内含有大量叶绿素，而绿色的花瓣在秋季降温时，由于叶绿素逐渐解体形成叶黄素，所以花瓣也会随之变黄。

3. 观叶花卉叶色斑斓

高等植物的叶片大都表现为绿色，主要是由于叶片表皮细胞内含有叶绿体。而叶绿体主要是由白色体通过光照转化而来的，所以，没有阳光也就没有绿色植物，图 1-4 所示为观叶花卉布袋蔓绿绒。

家庭养花

图 1-4　观叶花卉布袋蔓绿绒

花卉叶片中，色素包括叶绿素 A、叶绿素 B、类胡萝卜素、叶黄素和花青素。叶绿素 A 使叶片表现蓝绿色，叶绿素 B 使叶片表现黄绿色，叶绿素在不同植物叶片中的含量各不相同，所以不同的叶片才会出现淡绿、草绿、翠绿、碧绿、苍绿等深浅不一的颜色。类胡萝卜素使叶片表现为橙色，叶黄素使叶片表现为黄色，花青素使叶片表现为红色、蓝色、紫色，有些花卉的叶肉细胞同时含有这三种色素，便会出现彩色叶片。

四、家庭花卉的作用

随着现代文明的发展，家庭花卉受到了更多的关注。花卉不仅能美化环境、净化空气，陶冶情操，提高人们的生活质量，还具有治病、保健和美容的功效。

1. 美化居住环境

作为一种可移动的家居美化元素，花卉被广泛应用于有限的室内空间及住宅院落，通过联络、渗透、空间转换、过渡、烘托、亮化、弱化等手法，改善和调控了人们家居环境的空间格局、气氛格调、明暗氛围，这极大地丰富了人们的生活。图 1-5 所示为装饰室内空间的花卉。

图 1-5　装饰室内空间的花卉

2. 花卉可以治疗一些疾病

随着医学的发展，花卉对疾病的治疗作用得到进一步证实，科学表明，当花的香气进入人体，被呼吸道黏膜吸收后，可以提高体内免疫球蛋白的功能，从而有效调节人体植物神经的平衡，进而达到对某些疾病的治疗效果。

3. 花粉的保健功能

花粉中的生物活性物质对机体的各种生理功能和各个器官系统的生理活动具有调节功能，因此花粉几乎对机体各个器官系统都有保健作用，对各个器官系统的疾病均有良好的治疗作用。图 1-6 所示为正被蜜蜂采集的花粉。

图 1-6　正被蜜蜂采集的花粉

4. 花卉的美容功能

　　花卉的花粉对健美皮肤、祛雀斑、美容有特殊效应。蜂花粉美容是当前面脂、面膜、洗面奶、爽身粉、去皱防斑霜、沐浴露等化妆品的重要添加剂。图 1-7 所示为能够美容养颜的花卉。

图 1-7　能够美容养颜的花卉

家庭养花

第二节　家庭花卉的分类

家庭花卉种类多，而且生长习性各不相同，所以分类方式多种多样。在花卉学中，有的是按照花卉的生物学分类，也有的按照观赏器官、栽培方式、对光照或对温度的适应性、开花季节等方式分类。

一、花卉分类的常见方法

花卉分类方法有很多，常用的分类方法主要有以下 8 种。

（1）按照植物学系统分类　其分类是以植物学上的形态特征为主要分类依据，按照科、属、种、变种来分类并给予拉丁文形式的命名。

（2）按照自然分布分类　其主要分为寒带花卉、温带花卉、热带花卉、高山植物、水生花卉、岩生花卉和沙漠植物。

（3）按照园林用途分类　其分为花坛花卉、盆花花卉、切花和摘花。

（4）按照观赏部位分类　其分为观花类、观叶类、观果类、观茎类、观芽类、观根类和观株形类。

（5）按照自然开花季节分类　其分为春花类、夏花类、秋花类和冬花类。

（6）按照经济用途分类　其分为观赏花卉、香料花卉、药用花卉和食用花卉。

（7）按照生态习性分类　其主要分为一年生草本花卉、两年生草本花卉、多年生草本花卉和木本花卉。

（8）按照原产地分类　其全球共划分为 7 个气候型。在每个气候型所属地区内，由于特有的气候条件，形成了野生花卉的自然分布中心。这 7 个气候型分别是中国气候型、欧洲气候型、地中海气候型、墨西哥气候型、热带气候型、沙漠气候型和寒带气候型。

二、按观赏部位分类

不同的花卉有不同的特征，我们在这里把花卉进行分类，这样就方便养花爱好者顺利地找到自己想要的花卉。

根据花卉观赏的部位不同可以把花分为以下几类。

（1）观花类　在观花类的花卉中，人们观赏的重点在于花色、花形。比如月季、牡丹（图 1-8）、醉蝶花等，绝大部分花卉都属于这类。

（2）观叶类　在观叶类花卉中，人们观赏的重点是叶色、叶形。比如花叶芋（图 1-9）、橡皮树、异叶南洋杉等。

（3）观果类　在观果类花卉中，人们主要是观赏果实。比如石榴（图 1-10）、南天竹、乌柿等。

（4）观茎类　在观茎类花卉中，人们观赏的重点在花卉的枝茎。比如山影拳（图 1-11）、竹节蓼、银柳等。

（5）观芽类　在观芽类花卉中，人们观赏的重点在花卉的芽。比如银柳（图 1-12）等。

图 1-8　鲜艳的牡丹花

图 1-9　花叶芋盆栽

图 1-10　石榴树盆景

图 1-11　山影拳盆景

图 1-12　银柳

（6）观根类　在观根类花卉中，人们主要观赏其根部形态。比如金不换、露兜树等。

（7）观株形类　在观株形类花卉中，人们观赏重点在植株形态。比如龙爪槐、龙柏等。

三、按园林用途分类

根据园林用途，我们主要把花卉分为以下 5 大类。

1. 花坛花卉

这类花卉主要用于布置花坛（图 1-13）。例如春天的三色堇、夏天的雏菊、秋天的一串红、冬天的羽衣甘蓝。

2. 盆栽花卉

此类花卉是指以盆栽形式存在，用于装饰作用的花卉，如扶桑、金橘（图 1-14）等。

图 1-13　美丽的花坛

图 1-14　金橘

3. 室内花卉

这类花卉主要指观叶类植物，可作为室内观赏花卉。例如巴西木（图 1-15）、绿箩、五彩玉米等。

4. 切花花卉

（1）球根类　郁金香、香雪兰（图 1-16）等。

（2）宿根类　满天星、非洲菊等。

（3）木本类　梅花、玫瑰等。

图 1-15 巴西木

图 1-16 香雪兰种球

5. 荫棚花卉

此类花卉主要指亭台树荫下生长的花卉。例如红花草、蕨类植物等。

四、按光照强度要求分类

根据花卉对光照强度的要求，可以分为 3 类：喜阳性花卉、喜阴性花卉、中性花卉。

1. 喜阳性花卉

喜阳性花卉是指在阳光充足的地方才可生长的花。此类花卉适合全光照、强光照的环境，若光照不足，会影响其生长，甚至无法开花。不少花卉都属喜阳花卉，如春季的桃花、牡丹，夏秋的桂花、木槿，冬季的蜡梅、银柳，果木类的银杏，藤木类的茑萝（图 1-17），观叶类的黑松，多肉类的芦荟等，都属于喜阳花卉。

图 1-17　茑萝

2. 喜阴性花卉

喜阴性花卉对阳光的需求不强，无法忍受阳光直射，适合生活在光照不足的环境下，如杜鹃、吊兰等。

3. 中性花卉

中性花卉的生长与光照无关，不过根据日照时间长短可分为长日照花卉、短日照花卉和中日照花卉。

（1）长日照花卉　指每天日照时间在 12h 以上，否则就不会开花的花卉，如八仙花（图1-18）、瓜叶菊等。

图 1-18　长日照花卉——八仙花

（2）短日照花卉　指每天日照时间在12h以内便可正常开花的花卉，如菊花、一串红等，但超过12h也会影响此类花卉的生长。

（3）中日照花卉　指不受日照时间影响，无论日照时间长短都会正常开花的花卉，如天竺葵、月季花等。

第三节　用花与送花常识

送花是一门学问，也是一门艺术。由于世界各地的民族风俗不同，送花的礼仪自然也大不同。每一种花都有其特定含义，不同种类的花含义自然不同。所以，选花送人时要掌握好送花的常识。

一、迷人花色的象征

除了不同种类的花有不同的花语，同一种类不同颜色的花的含义也不尽相同。通常而言，花的颜色不同，代表的含义就会有一定的区别。一般情况下白色代表纯洁，紫色显示高贵，黄色略显活泼，绿色是指理智，红色洋溢着热情，而蓝色寓意宁静。例如：白色的蝴蝶兰、晚香玉、白色睡莲（图1-19）；紫色的三色堇、万代兰、紫花睡莲；黄色的向日葵、黄韭兰、软枝黄蝉，绿色的蜘蛛兰、绿石斛、绿色樱花（图1-20）；红色的一串红、杂交缅栀、郁金香；蓝色的牵牛花、蓝花楹、邓伯花等。

图1-19　白色睡莲花

下面主要介绍一些常见花卉的色彩所表达的含义。

1. 玫瑰

玫瑰的花色有红、粉、白、黄。赠恋人，宜用红、粉色的花；黄色的花代表道歉。

图 1-20　绿色樱花

2. 百合

百合的花色有粉红、白、黄、橘黄。赠恋人，宜用白色的花；赠朋友宜用粉色的花；赠长辈宜用橘黄色的花；贺喜宜用白色百合点缀几支红色玫瑰，取百年好合之意（图 1-21）。

图 1-21　百合花束

家庭养花

3. 郁金香

郁金香的花色有红、粉、白、黄、金、紫。赠恋人，宜用紫色、红色、白色的花（图 1-22）；赠朋友，宜用粉色的花；赠长辈、艺术家，宜用黄色的花；贺喜宜用金色的花。

图1-22　白色郁金香花束

4.康乃馨

康乃馨的花色有红、粉、白。赠母亲宜用红色、粉色的花（图1-23）；赠朋友宜用粉色、白色的花；赠长辈宜用红色的花。

图1-23　红色康乃馨花束

5.马蹄莲

马蹄莲的花色有白、黄、红。红色的花可在婚礼上作为新娘的捧花，白色的花宜赠送年轻朋友。

6.火鹤花

火鹤花的花色有红、白、粉、浅绿。红色的花宜赠送热情、豪爽的友人，红色、白色的花宜在婚礼、庆典等喜庆之日应用。

7. 唐菖蒲

唐菖蒲（图1-24）别名剑兰，花色有红、粉、黄、白。白色的花宜赠给年轻朋友，红、粉色的花宜在婚礼上作为新娘的捧花。

图1-24 唐菖蒲

8. 向日葵

向日葵的花色有金黄、红、白。红色的花可赠热恋中的男友，性格爽朗、大方和充满活力的好友；赠艺术家宜用黄色的花（图1-25）。向日葵还可以作为双子座和属牛的朋友的幸运之花。

图1-25 黄色向日葵

9. 满天星

满天星（图 1-26）的花色为白色。满天星宜赠清雅高洁之士，赞誉其宁静致远的品格；作为玫瑰的衬材宜赠恋人；配唐菖蒲宜赠将毕业的同学，意为"大展鸿图"。

图 1-26　满天星花束

10. 勿忘我

勿忘我的花色有紫、粉、蓝、白。勿忘我宜恋人之间互赠，以示眷恋不合；与玫瑰搭配，其花语为"不变的爱情"；与康乃馨搭配，其意为祝福母亲或"渴望母爱的温暖"。图 1-27 所示为紫色勿忘我花束。

图 1-27　紫色勿忘我花束

二、花卉为情感升温

最近几年来，亲朋好友之间在节日里选择以鲜花作为礼物互通感情，传递祝福或问候，已经成了增进彼此感情的新时尚。

1. 结婚庆典

结婚是人生的大事，通常婚礼送花都比一般花束讲究精致，选颜色鲜艳且富含花语者最佳，可增进罗曼蒂克气氛，祝新人爱情长久，白头到老。例如百合寓意百年好合，天堂鸟寓意吉祥如意，报喜花寓意始终相爱，天竺葵（藤）寓意新婚之爱，紫罗兰寓意爱情之束，牵牛花寓意爱情永结。此外，还有玫瑰、情人草（图1-28）、火鹤花、蝴蝶兰等。

图1-28　情人草花束

2. 祝贺生日

如果在朋友生日的那一天，出其不意地送给他一份鲜花礼物，一定能获得深刻的印象和纪念。这时可用的花卉有：玫瑰、菊花、兰花、非洲菊、满天星、康乃馨和郁金香等，均可祝愿朋友青春永驻、前程似锦。

给年纪较大的老人祝贺生日，就是平时所说的给长者祝寿，则以象征长寿、幸福、财富的盆栽花卉植物为佳，如万年青、人参榕（图1-29）、常春藤、君子兰、苏铁、唐菖蒲、菊花及金橘等，以此来祝长者福如东海、寿比南山。

3. 宝宝出生

亲友家中生男孩，一般称喜得贵子，或叫麟儿。祝贺亲友家生男孩，可以送花束或花

图 1-29　人参榕

篮，表达对小生命的爱。可用花卉有康乃馨、玫瑰、火鹤、大花葱、孔雀草（图 1-30）、排草、紫罗兰，其中孔雀草代表活泼可爱，大花葱代表聪明，康乃馨代表母爱。

亲友家中生女孩，叫作喜得千金，或叫掌珠。祝贺亲友家生女孩，可以送的花卉有康乃馨、大花葱、蓬莱松、玫瑰、孔雀草、鹤望兰等。

图 1-30　孔雀草

4. 探望病人

探望患病住院治疗的亲友，赠送花卉礼物，含有关怀、慰问、祝福病患平安、早日康复之意。这时应选用花色、香味淡雅的鲜花，如唐菖蒲、兰花、金橘、六出花、玫瑰及康乃馨等。

鉴于病人的心情极为复杂，探望病人送花要注意防止产生误会。尽可能送些病人平时所喜欢，或较为鲜艳的花草，绝不可送白色、蓝色或黑色花卉。还要注意送花的数目，切忌

4、9、13。另外可选择香石竹、月季花、水仙花、兰花等，配以文竹、满天星或石松，以祝愿病人贵体早日康复。图1-31所示为探病慰问花束。

图 1-31　探病慰问花束

5. 悼念死者

为表示对逝去的人的哀挽，应选用的花卉有：白黄菊花、白黄玫瑰、栀子花、白莲花、黄色唐菖蒲等，黄色、白色花朵象征惋惜、怀念之情。不要选用花色鲜艳的花卉，艳丽花卉只能作为配材使用，如红玫瑰、红康乃馨等。如图1-32所示为祭奠花束。

图 1-32　祭奠花束

6. 亲友升迁

在亲友升迁时，为表示祝贺，送一束鲜花祝亲友一步步走向成功。可选用的花卉有：代表事业顺利的百合花，代表气质高雅、生命力强盛的马蹄莲，代表胜利、竞技成功的风信子，代表步步高升的唐菖蒲。另外还有玫瑰、草原龙胆、非洲菊、大花葱等。

7. 迎接贵宾、惜别朋友

贵宾来访或亲友返乡探亲、学成回国，下飞机或下火车时，立即献上花束或花篮等，表示隆重欢迎，定能带给贵宾一个惊喜，留下难忘的回忆。这时所选择的花卉应以代表"友谊、喜悦、欢迎、等待、惦念"的花卉为佳，如爱丽丝、紫罗兰、玫瑰、郁金香、彩色海芋、满天星、火鹤花、玛格丽特（图1-33）等。

图1-33　玛格丽特花

朋友远行，可送一束花卉以祝朋友一帆风顺、一路平安。可选用的花卉有：玫瑰、百合、满天星、马蹄莲、芍药、菊花及香竹等。

8. 乔迁新居

在当今市场经济的大环境下，购置一套新房，对绝大多数经济不是很富裕的人来说，是值得庆贺和炫耀的事，新居落成或乔迁新居，常用盆栽植物来作为贺礼，具有祝贺主人"新居美轮美奂、金玉满堂"之意。这时应赠送稳重高贵花木，如巴西铁树、开运竹、万年青、黄金侧柏、仙客来、红千层等以示隆重之意。

9. 公司庆典

在市场经济的大潮下，亲友开公司经商是很平常的事，如前往参加开张庆典，就应赠送大型花篮，以示祝贺，可选用月季花、大丽花、香石竹、美人蕉、山茶花，配以万年青、苏铁叶、桂花叶、夹竹桃或松柏枝，以示祝贺发财致富、兴旺发达、四季平安。

三、不同节日送花技巧

不同的节日拥有不同的含义，在现代社会，庆祝节日多用鲜花，现在简单介绍国内外主要用花节日及用花习俗。

1. 元旦花礼

阳历 1 月 1 日是我国的元旦，公历的新年，此时无论是装点家居还是馈赠亲友，应多选择玫瑰、月季、百合等色彩鲜艳、春意盎然的鲜花，代表着吉祥如意、好运多福的希冀，有时会用金鱼草来衬托喜庆祥和、欢快吉祥的气氛。

2. 春节花礼

春节用花是为了表示万事如意，吉祥富贵，恭贺新春。如牡丹、红梅（图 1-34）、发财树及各种兰花类盆栽等，都是很好的选择，或是装饰一些鲜艳别致的缎带、贺卡等，为欢乐的新年更添一分喜气。

图 1-34　红梅盆景

3. 情人节花礼

在情人节，情人间多是以红玫瑰表达爱意。稍加包装，以蝴蝶结装饰都是上乘之选，或者在巧克力的外面别上一朵红玫瑰，也是情意绵绵，还可以红玫瑰为主题做成胸花，赠予对方也是一份小温馨。

4. 清明节花礼

一般清明节选花多是三色堇、松柏的枝条等，或是素洁的花朵，因为白、黄等素色花卉表达的是哀思之情。

5. 母亲节花礼

在母亲节，大都选择送给母亲康乃馨，其实在古代的中国，有一种花，名为萱草（金针花），花语是"隐藏的爱，忘忧，疗愁"，把它作为母亲节的赠花，也是很合适的，寓意母爱的伟大。图 1-35 所示为宜送母亲的萱草花束。

图 1-35　宜送母亲的萱草花束

6. 父亲节花礼

父亲节的用花一般选秋石斛，该花具有刚毅之美，其花语是"父爱、能力、喜悦、欢迎"，故称"父亲之花"，成为父亲节花礼大家最爱的首选。或者送上一束黄色康乃馨、白玫瑰表达对父亲终年辛劳养家的尊敬与感激之情。另外，其他如菊花、向日葵、百合、君子兰（图 1-36）、文心兰等，其花语均有"尊敬父亲""平凡也伟大"的意义，也是很好的选择。

图 1-36　君子兰花

如果父亲是一位年纪很大的老人家，就应送代表健康、长寿的观叶植物或小品盆栽，如松、竹、梅、枫、柏、人参榕、万年青等。

7. 教师节花礼

教师节赠花以花语诠释"感谢、爱、怀念、祝福"者为最佳。例如木兰花代表灵魂高尚，赠送给被喻为灵魂工程师的老师是最恰当不过的了。另外，蔷薇花冠代表美德，月桂树环代表功劳、荣誉，悬铃木代表才华横溢等。

8. 圣诞节花礼

每年的阳历 12 月 25 日是基督教徒纪念耶稣基督诞生的节日。现在的圣诞节，通常以一品红作为圣诞花，花色有红、粉、白，状似星星，好像下凡的天使，含有祝福之意。在这个节日里，可用一品红鲜花（图 1-37）或人造花做成各种形式的插花作品，伴以蜡烛，用来装点环境，增加节日的喜庆气氛。

图 1-37　一品红

第二章　花卉养护要点与常见禁忌

在居室布置花卉，不仅可以起到美化空间的作用，还可以净化空气，吸收有害气体，所以选择家庭养殖花卉的人越来越多。那么，如何使花卉健康生长，发挥其最大效用呢？本章主要对养花宜忌进行解析。

第一节　养花宜忌须知

在居室莳养花草已经成为大多数人的一种爱好，本节主要从养花土壤选用、栽培工具选用、花卉养护、花卉整形等方面着手，介绍一些实用简单的养护花草宜忌常识。

一、养花土壤选用宜忌

（1）腐叶土　腐叶土（图2-1）是森林地带的表土，由阔叶树的落叶经长期堆积腐熟而成，含有大量的有机质，疏松肥沃，透气性和排水性良好，呈弱酸性，是黏重土壤的优良疏松剂，保水保肥能力强，可单独用来栽培君子兰、兰花和仙客来等。秋冬季节可就地取材，自行收集阔叶树的落叶（以杨、柳、榆、槐等容易腐烂的落叶为好），与园土混合堆放1～2年，待落叶充分腐烂即可过筛使用。一般腐叶土为优良的盆栽用土，还可与其他基质混合使用。适于用作播种、移栽小苗和栽培多种常见花卉。

（2）松针土　在山区森林里松树的落叶经多年腐烂形成的腐殖质，即松针土。松针土呈灰褐色，疏松肥沃，透气排水性能良好，呈强酸性反应，适于杜鹃花、栀子花、茶花等喜强酸性的花卉。

（3）泥炭土　泥炭土又称黑土、草炭，是由低温、湿地的植物遗体，经数千年泥炭藓的作用炭化而成的。泥炭土柔软疏松且无病菌孢子及有害虫卵，排水透气性能良好，保蓄肥水能力强，呈弱酸性反应，为良好的盆栽用土与扦插基质。北方多用褐色草炭配制营养土，用草炭土栽培原产南方的兰花、山茶、桂花、白兰等喜酸性花卉较为适宜。

（4）塘泥　塘泥（图2-2）又称河泥，为河底池塘的沉积土，富含有机质，黑色，中性

图 2-1　腐叶土

或微碱性。一般在秋冬季节捞取池塘或湖泊中的淤泥，经晾晒、冰冻风化后，可为水生花卉的最佳培养土。晒干粉碎后与粗沙、谷壳灰或其他轻质疏松的土壤混合，可用于观叶花卉的栽植。

图 2-2　塘泥

（5）草皮土　在天然牧场或草地，挖取表层 10cm 的草皮，层层堆积，经一年或更长时间的腐熟，过筛清除石块、草根等而成。草皮土的养分充足，呈弱酸性反应，可栽植月季、石竹、大理花等。

（6）沼泽土　沼泽地干枯后，其表层土壤为良好的盆土原料。沼泽土的腐殖质丰富，肥力持久，呈酸性，但干燥后易板结、龟裂，应与粗沙等混合使用。

花卉栽培营养土必须选择有营养的成分，忌用污染土。

二、栽培工具选用宜忌

（1）浇水壶　盆花浇水一般选用浇水壶（图2-3），常见的有两类：固定的长嘴细眼喷头壶和可以拆卸的长嘴细眼喷头壶。喷洒叶面或盆栽小苗时，装上细眼喷头，将水喷在花卉的叶面和盆内即可；若是盆土浇水，可直接用长嘴浇水。

图2-3　花卉浇水壶

（2）修枝剪　修枝剪分为两种：带弹簧修枝剪、不带弹簧修枝剪。主要用于花卉整形修剪、剪取花卉枝条及接穗等。

（3）小平铲　移植中、小株花卉时会用到小平铲。

（4）小铲　移植扦插成活的幼苗时会用到小铲，也可用它移植播种的小苗。

（5）移植镘　移植花苗、花卉上盆加土时需要移植镘。

（6）小耙　盆内松土、翻盆换土时会用到小耙，是为了去除花卉根部旧土或是整理根系。

（7）挑草刀　挑除盆内或地上野草的时候需要挑草刀。

（8）嫁接刀　花卉的各种嫁接会用到嫁接刀（图2-4）。

（9）花架　花架主要是为了盆花的装饰，大多用硬木或红木等做成，这样看起来高贵，但也有用枯树根制成的各种形状的花架。

（10）盆托　盆托垫在花盆底下，一方面防止盆花浇水过多时溢出，另一方面也有美化作用。

（11）小筛子　小筛子（图2-5）用来分开粗细土或者过筛培养土。

（12）喷雾壶　喷雾壶（图2-6）用来给叶面喷水，或在花卉防病治虫时喷药。

图 2-4　嫁接刀

图 2-5　小型园艺土筛子

图 2-6　花卉喷雾壶

除此之外，花卉栽培忌用不专业的栽培工具。

三、花卉养护五大禁忌

花卉也是有灵性的，但很多人由于不得养花要领，把花养的毫无生气，看着就令人心疼，那么如何解决呢？下面介绍几种从实践中总结出的家庭养花经验。

（1）忌干旱　浇水不定时，想起来就浇，想不起来就不管，发现叶片枯萎，快速补水，此时叶片也会恢复正常，但这是桩体对环境变化做出的正常反应，长此以往，过强的蒸腾作用会令桩体脱水而死。图 2-7 所示为盆土干裂症状。

图 2-7　盆土干裂症状

（2）高温忌施肥　特别是在夏季，环境温度偏高，此时叶片失水过快。若在这个时期施肥，由于渗透作用，桩体细胞内外浓度不同，会导致植物水分流向土壤，使桩体失水而死。

（3）忌午浴　在盛夏高温的中午，不可向光照下的桩体浇水，否则会由于盆景温度突然降低伤到桩体。

（4）忌骤荫　为避免高温危害，通常会将桩体放置在光照较弱的低温区，但如果突然将其放置在室内或没有光照的低温环境，不久桩体便会死亡。

（5）忌高温　当环境温度超过 28℃时，盆景应移入蔽阴处，否则，桩体从土壤中获取的水量会远远低于因蒸腾作用而失去的水量，轻则烧伤，重则死亡。

四、花卉整形修剪宜忌

对花卉进行合理的修剪调试是必要的，这样花卉才会更加美观，更加令人赏心悦目。修剪前应做充分的准备，包括对花部位、花卉的生长特性等方面的了解。修剪一般分为重剪、中剪、轻剪和摘心 4 种情况。图 2-8 所示为花卉整形修剪。

（1）重剪　像茉莉、紫薇、月季等一年生枝条上的花，适合重剪，而二年生枝条上的花忌重剪。修剪时所用的刀要锋利，确保剪口平滑，防止破裂，而且修剪时要选留向外侧生长的芽眼，便于枝条均匀外展，这样不仅植株造型美观，也有利于通风透光。图 2-9 所示为修剪茉莉。

图 2-8　花卉整形修剪

图 2-9　修剪茉莉

（2）中剪　像石榴、金橘、蜡梅这类须经过适当短截才能开好花的盆花，适合中剪。且要疏、截并重，对于已开过花的一年生枝条，应在茎部留 2～3 个芽短剪，这样便于抽发侧枝，并疏去徒长枝、交叉枝和病害枝。

（3）轻剪　像碧桃、白兰、栀子花等开在 2 年生枝条上的花适合轻剪，而且只剪多余的侧枝、病残枝和顶梢，以便主枝强壮。另外在修剪时，可以根据个人喜好和植株生长情况，进行人工整形，如伞形（图 2-10）、宝塔形等。

（4）摘心　像雏菊、金盏菊、紫罗兰等草本盆花要通过多次摘心、打头，使其多生侧芽，植株短壮美观，以增加开花数量，延长开花时间。而且在花谢后应及时剪去残花，促进其余花头开得更旺。如图 2-11 所示为盆栽摘心。

不过，对于那些早春开花的花，如梅花、迎春、杜鹃等，早春发芽前忌修剪。

图 2-10　栀子花的伞形造型

图 2-11　为盆栽摘心

第二节　花卉的选择与禁忌

通常来讲，家庭花卉品种的选择要综合考虑种植者所在地区的气候条件、花卉适宜生长的季节、种植目的、个人喜好及居住生态环境 5 个主要因素。本节在如何选择适宜的室内花卉和花卉选择的禁忌这两个方面作出了详细的讲述。

一、买花要遵循的原则

在市场买花，质量好坏以及花种的真假难以辨别，初学者很容易上当受骗，另外买花卉的小苗、落叶苗木、刚扦插的花卉也不容易成活。图 2-12 所示为花市。买花应遵循以下 7 个观察原则。

图 2-12　花市

1. 观察整体效果

整体观察，包括植株的高度、花卉的形态特征、生长状况等是否良好，植株的大小和盆的大小是否相称。

2. 观察花部状况

观察花的生长状况，包括花的大小、花苞是否饱满、花形是否完好整齐、数量是否均衡、花色是否鲜艳、花枝是否健壮等。购买观花类植物时，可买有花苞但没有开放的花卉，延长观赏时间。

3. 观察茎叶状况

观察花卉的茎叶生长状况，包括茎枝干分布是否均匀、枝干是否足够健壮、有没有徒长枝、枝干有没有伤口、叶片排列是否整齐均匀、是否有枯枝残叶。健康状态下的花卉应叶色浓绿繁茂、光泽鲜艳。不要买枝叶失水干瘪的植株。

4. 观察有无病虫害状况

不要买有病虫害痕迹的花卉。包括虫卵、叶子残缺处有虫子导致的痕迹，或是叶片上有黄斑、病斑。

5. 观察破损状况

破损是指植株在生产、流通过程中的折损、灼伤、压伤、药害、擦伤、水渍、褪色等。不要买根部受伤多、带泥少的。

6. 观察土壤情况

土壤的新旧可判断上盆时间，时间长的比较好，时间短的容易受细菌感染，养护不当，不易成活。买花的时候晃动一下花盆，若有松动，则证明上盆时间不久。像仙人掌类的浆类植物，要检查土壤的干燥程度，不可买潮湿的，容易烂根。

7. 挑选好买花的时间

买花要根据季节而定，如春季买多浆类植物容易成活，而栽培难度比较大的，在晚春到仲秋之间买较好，有利于植物的成活。

二、花卉的购买标准

花卉市场上，各种花卉良莠不齐。这里介绍一些在花卉选购上的正确做法。

1. 苗木品种

目前市场上的苗木分为两类：带土球的、露根不带土球的。带土球的大都是常绿花卉，应选择在芽萌动时购买，否则不易成活。通常，带土球的苗木质量比较有保障，且易成活，是上选。但是市场上很多土球都是伪造的，这时应清除泥土重新上盆，或者重新种植。露根花卉也要选择芽刚萌动时期的，并且要枝叶繁茂、根系完整的。

2. 成品品种

应在春季或秋季选购，且要挑那些叶片光亮、厚实、株形紧凑、生长健壮的植株。

（1）观叶花卉　观叶花卉主要分为草本观叶、木本观叶、吊盆类及蕨类植物等，因为叶片的叶斑、叶型、色泽都是观叶植物观赏上的重点，所以选购时，除了整株健壮，叶片上有无黄化、斑点、病虫害，枝叶茂盛与否，都得留心。而且市场上的盆栽观叶花卉的光照条件好、温度适宜、空气湿度高，买回家要放于室内明亮处，经常喷水、停肥，一段时间后再进行正常的养护管理。

（2）玫瑰类　首先选花朵无弯折、枝叶直挺的；花瓣要厚实，花苞部位扎实、有弹性且只开 2～3 分，而叶片部分平坦、鲜绿有光泽。如图 2-13 所示为健康的玫瑰盆栽。

图 2-13　健康的玫瑰盆栽

（3）百合类 百合种类繁多，花茎上的花朵数有单朵、双朵、多朵之分，选购多朵时，最好选已有1～2朵开放，剩下的花苞充实饱满，枝叶色泽鲜绿的。如图2-14所示为含苞待放的百合。

图 2-14 含苞待放的百合

（4）蝴蝶兰 选择花序整齐、无下垂或缺花，且花梗挺直的，花瓣较厚挺、较扎密，每枝花上有6～8朵蓓蕾，约4～5朵开放，就算花苞未开，也得饱满、有弹性；而花形则圆满，无内卷、反转、褪色、透明或折损等现象。图2-15所示为蝴蝶兰盆栽。

图 2-15 蝴蝶兰盆栽

家庭养花

总之，选花卉盆栽时，花型、叶色、枝干都能透露健康的程度，多一分仔细就很可能多一分栽植成功的乐趣。

三、选择要考虑环保性

通常而言，家庭养殖的所有花卉都可以增加空气中的湿度和负离子含量。据测定，一个标准房间放置10株中等大小的花卉可以提高室内负离子含量2～3倍，从而保持室内空气新鲜而使人产生清心的感受。

据有关调查，绝大多数的花卉植物在白天进行光合作用，吸收二氧化碳，释放氧气，而在夜晚则进行呼吸作用，吸收氧气而释放二氧化碳。因此，室内花卉在夜间可能会降低空气的氧气浓度，使室内的空气变差。但有一部分花卉则是白天关闭气孔，而在夜间开放吸收二氧化碳，同时释放出氧气，这种碳循环方式最早在景天科植物上被发现。这类花卉被称为CAM植物，主要集中在景天科、凤梨科、仙人掌科、龙舌兰科及天南星科植物上，比较常见的如下。

1. 景天科

景天科花卉主要有宝石花、青锁龙、松鼠尾、仙女之舞、长生草、锦司晃、月兔耳（图2-16）、落地生根、神刀、长寿花等。

图 2-16　月兔耳盆栽

2. 凤梨科

凤梨科花卉主要有紫花铁兰、美叶光萼荷、艳凤梨、擎天凤梨、丽穗凤梨、姬凤梨（图2-17）等。凤梨科中的铁兰属有500多种。

3. 仙人掌科

仙人掌科花卉主要有山影拳、花盛球、金琥、龟甲牡丹、乌羽玉、仙人指、仙人掌（图2-18）等。

图 2-17　姬凤梨盆栽

图 2-18　仙人掌盆栽

4. 龙舌兰科

龙舌兰科属单子叶植物，约 20 属，670 种，主要有龙血树（图 2-19）、朱蕉、晚香玉、虎尾兰、丝兰等。

5. 天南星科

天南星科观叶植物均具有独特的叶形、叶色，是优良的室内观赏植物，天南星科主要有银苞芋（图 2-20）、合果芋、绿萝、喜林芋等。

6. 其他科

大戟科的变叶木（图 2-21）、桑科的橡皮树、百合科的龙血树、棕竹科的棕竹等，对于提高夜间室内的空气质量具有很好的效果。

图 2-19　龙血树盆栽

图 2-20　银苞芋

图 2-21　变叶木盆栽

四、特殊人群选花宜忌

考虑到老年人、儿童、孕妇和病人等特殊人群的居住环境，选花应注意特殊人群的宜忌。

1. 老年人居室的宜种植物

现代社会有很多空巢老人，他们中很多人都有或轻或重的老年性慢性疾病，所以，根据老年人的病症不同，植物禁忌也不尽相同。

（1）对于气虚体弱，患有慢性疾病的老年人　家居环境适合种植人参（图2-22）。人参作为观赏花卉，姿态优美，悦目清心。而且人参的根、叶、花、种子皆可入药，还能强壮身体、调理身体机能。

图2-22　适合放置在老人卧室的人参盆栽

（2）对于患有风湿、脾胃虚寒的老年人　房间可种植些五色椒。五色椒不仅绚丽多彩，且根、果、茎都具有药性。

（3）对患有肺结核的老年人　家居环境适合少量百合花。百合花形姿高雅，鳞茎与花既可以食用，也可以入药，且有平惊、镇咳、润肺之用。

（4）对患有高血压、小便不畅的老年人　家里适合种植金银花和小菊花（图2-23）。这两种花可装填香枕，也可冲花泡饮，可以降压清脑、消热解毒、平肝明目。

2. 儿童居室的植物禁忌

随着人们生活水平的提高，住房条件的改善，相当一部分被喻为小皇帝或小公主的儿童，在家里都有自己单独的卧室。无论是有单独卧室的儿童，或是与父母同居一个房间的孩子，一则认知能力差，自控能力差，且大多数都有好奇心，于是喜欢出手摆弄东西；另则都处于成长发育阶段，各部分器官均不成熟。为此，特别应注意禁植对儿童易造成伤害的花卉植物，尤其是易引起孩子体质过敏的一些花卉。

图 2-23　家庭小菊花盆栽

3. 孕妇居室的植物宜忌

（1）孕妇居室的植物禁忌

① 香草类。怀孕 1～3 个月的孕妇应避免使用任何精油。居室内不能种植迷迭香、薄荷、百里香、丁香、薰衣草、杜松、鼠尾草、洋甘菊等。柠檬、柑橘也只能适用于怀孕 3 个月以后的孕妇。

② 松柏类。这类花木散发出的气味对人体的肠胃有刺激作用，久闻不仅会影响人的食欲，而且会使孕妇心烦意乱、恶心欲吐。

（2）孕妇居室的宜种植物　孕妇居室宜种植玫瑰、茉莉（图 2-24），不过适合怀孕 4 个月以上的孕妇，还有橙花、肉桂、香茅和广藿香等花卉植物，对孕妇有美容疗效和情绪疗效。

图 2-24　适合放在孕妇居室的茉莉盆栽

4. 病人卧室的植物禁忌

病人的卧室其实并不适合养花，花盆中的泥土细菌、真菌较多，病人本身体质就差，免疫力不强，就更容易受细菌感染，加重病情。尤其对白血病患者和器官移植者，危害甚大。

（1）过敏性疾病、呼吸道疾病、伤口或免疫低下的病人禁忌的植物　在这些病人的房间，不可有鲜花或当季花卉。花粉是生活中常见的过敏源，容易诱发疾病，尤其是这类病人，更应注意。

（2）失眠症患者禁忌的植物　兰花、百合花香气容易使人兴奋，水仙花在睡眠时间吸入会令人头晕。

（3）心脏病患者禁忌的植物　夜来香的微粒会刺激到患者，加重病情。

另外，对某些花粉过敏的人同样需要注意花卉的选择。过敏体质者对于月季花散发的浓郁香味会感到胸闷不适、喘不过气来；紫荆花的花粉，会诱发哮喘病；皮肤过敏者接触洋绣球花会皮肤瘙痒。

五、禁忌选用促癌植物

前些年，中国预防医学科学院曾毅教授通过大量试验，证实了有些植物含有促癌因子，并在鼻咽癌、食管癌的实验中得到证实，还公布了52种促癌的植物，一时间闹得全国沸沸扬扬。人们谈到这些植物就"色变"，甚至还怀疑有其他植物会促癌，如大部分人认为夹竹桃会致癌，因此将其大量砍去。那么，促癌植物真的会使人生癌吗？

其实生活中促癌因子到处存在，除了植物外，大量的挥发性化合物及辐射都会诱发人的细胞恶变。一些植物虽然也会产生分泌一些促癌或诱发细胞恶变的因子，但致癌要有一定时间和条件，如种植地域、土壤污染及土壤中的致癌、诱癌因子，还有通过什么途径促癌，或长期种、大量种、不断去接触等，其机理十分复杂。加上人体的免疫力差异，并不是种少量这些植物马上会生癌，只是提醒警示人们要当心这些植物。可以肯定地说，促癌植物应该不止52种，在自然界，植物品种不胜枚举，都做过试验吗？但至少我们可以对已公布的促癌植物进行预防。

有人认为，对于52种促癌植物，只要不多种，不长期接触，不放在人们活动频繁之处，更不放在室内，问题是不大的。实际上人们在家养的花花草草中，促癌植物是极少量的几种。当然，已生肿瘤的患者就不能种植这些有促癌因子的观赏植物了，因为这些植物体内一些促癌因子会激活肿瘤细胞，即使再好看，也只能为了健康忍痛割爱，这才是健康的生活方式。

52种促癌植物名单如下：石粟、变叶木、细叶变叶木、蜂腰榕、石山巴豆、毛果巴豆、巴豆、麒麟冠、猫眼草、泽漆、甘遂、续随子、高山积雪、铁海棠、千根草、红背桂花、鸡尾木、多裂麻风树、红雀珊瑚、山乌桕、乌桕、圆叶乌桕、油桐、木油桐、火殃勒、芫花、结香、狼毒（图2-25）、黄芫花、了哥王、土沉香、细轴芫花、苏木、广金钱草、红芽大戟、猪殃殃、黄毛豆腐柴、假连翘、射干、鸢尾、银粉背蕨、黄花铁线莲、金果榄、曼陀罗、三梭、红凤仙花、剪刀股、坚荚树、阔叶猕猴桃、海南葵、苦杏仁、怀牛膝。

图 2-25　有促癌作用的狼毒花

第三节　四季养花禁忌常识

古时候，因为客观条件的限制，想要夏花冬养，几乎是不可能的事情。而今，随着人们生活水平的提高，冬季家家户户供暖设备齐全，我们可以根据花卉的特性调制出适合花卉生长的环境。如此一来，一年四季都可以在家庭养殖自己喜欢的花卉种类。本节主要就春、夏、秋、冬四季养花常识与禁忌进行阐释。

一、春季养花禁忌

"冬天好过春难度"是养花行家的经验之谈。那么，春季里我们应该对花卉做好哪些养护工作呢？

1. 换盆、换土

宿根和落叶类花卉适宜在早春换盆，常绿花卉君子兰、兰花、茶花、鹤望兰等应在春季气温上升后进行。一般草本花卉宜每年换一次盆，木本花卉 2～3 年换一次盆。换盆最好在阴天进行。换盆时注意以下几点。

① 选用与植株大小相适应的花盆，新泥盆要提前用水浸泡后再用，旧盆需清洗干净再用。

② 换盆时，适量修剪根系。

③ 植株放在盆中央，四周填好土后，轻轻向上提植株，使根系舒展；让盆土紧实，留出 2～3cm 的沿口。

④ 给植株浇一次透水。最好用浸盆法，让盆土充分湿润。

图 2-26 所示为兰花的换盆过程。

图 2-26　兰花的换盆过程

2. 出房

盆花春季出房宜迟不宜早。最好在出房前 10 天左右，选择晴天中午开窗通风，降低室温。开窗时间由短到长，让植物逐渐适应室外气温，或晴天上午 9 时后至下午 5 时前将花卉搬至室外背风向阳处。北方地区出房宜在 4 月 20 日～5 月 4 日，南方地区宜在 4 月 5 日～20日。原产南方的花卉立夏前后出房更安全；抗寒能力较强的迎春、蜡梅、月季，在昼夜平均气温达到 15℃时可出房；抗寒能力较弱的茉莉、米兰、白兰、含笑、扶桑、蟹爪兰、令箭荷花等，宜在室外气温达到 18℃时出房。

3. 繁殖

春天繁殖时，可播种夏、秋季开花的花卉，栽种球根花卉，扦插多年生花卉。分株和枝插可与换盆同时进行。

① 玉簪、鸢尾、文殊兰、龙舌兰、君子兰、万年青、马蹄莲、石榴、文竹、吊兰等可在早春分株繁殖；

② 扶桑、月季、茉莉、石榴、菊花、倒挂金钟、无花果、龟背竹、变叶木、龙吐珠、五色梅、迎春等适用枝插繁殖；

③ 文竹、秋海棠、大岩桐、报春花等多于早春在室内播种育苗。

图 2-27 所示为分盆定植前的玉簪。

4. 修剪、整形

经过冬季后，及时修剪开花后的枯枝败叶，及时对藤本花卉加支柱并绑扎，使枝叶分布均匀、透光通风。

花卉在春天的养护禁忌如下。

（1）忌冷风吹　经过一个冬天，花卉适应了温度变化较小的室内环境。当春天打开窗门通风时，很多花卉突然经受冷风侵袭，适应不了环境的变化，易落叶落花。春季应将盆花避开"风口"，让花卉逐步适应通风。

家庭养花

图 2-27　分盆定植前的玉簪

（2）忌过早出室　北方春季气候变化无常，常有"倒春寒"（初春气温回升较快，而在春季后期气温偏低）。若过早把刚萌动的盆花搬到室外，遇到晚霜或寒流，极易遭受冻害，甚至大量落叶，整株死亡。应在平均气温达到 10℃后的适宜时间，把盆花移到室外。

（3）忌水、肥不当　春季花卉生长旺盛，水分蒸发量大，耗养分多，水、肥必须跟上。盆土干裂前要及时浇水，每周或半个月施一次肥。施肥掌握"薄肥勤施"原则，新生枝叶完全展开后，再逐步增加肥量。超量施肥，易导致叶片脱落，甚至植株死亡。

（4）忌换盆操作不当　花盆的选用要与植株大小相适应。盆大苗小，水量不易控制，根系通气不良，易造成徒长；盆小苗大，头重脚轻，不利于花卉生长。剪除老根过多，换盆后没有浇透水，会影响根系正常生长，容易造成生长不良。

二、夏季养花禁忌

夏天气候炎热，雨量增多，正是大多数花卉生长发育的旺盛时期，也是花木扦插的好时机，但这个时节也是病虫害大量发生期，所以，养护花卉要更加精心。

1. 防晒

防晒既可降低日晒也可降温。根据花卉的不同习性，将其放置于相应的地方。

① 观叶植物龟背竹、巴西木、橡皮树、发财树、绿萝等，应放置于半阴、通风处；观花、球根植物杜鹃、山茶（图 2-28）、马蹄莲、朱顶红、君子兰等，应放置于阴凉、通风处。

② 多浆多肉植物仙人球、蟹爪兰、令箭荷花、长寿花及蜡梅、石榴、扶桑、月季等，应放置在阳光充足、空气流通的地方。

③ 坐东朝西的房间，花可放置在东面阳台或窗台上养护，避免午后强光照射和高温蒸晒。坐北朝南的房间，花可放在北面阳台或窗台上养护，减少光照强度。

还可在阳台或庭院搭遮阳棚，棚顶用塑料薄膜做遮阳网，遮阳效果好。在庭院种花一定要将盆底垫起，以利排水和通风。

2. 降温、增湿

高温对花卉生长不利。一般气温 35～40℃时，花卉停止生长；气温达到 45℃以上时，花卉将面临危险。夏季持续高温、空气干燥，花卉根部的吸水能力大大减弱时，可为其降

图 2-28　白色山茶花

温、增湿。

　　① 经常向盆花的叶、茎喷水雾，向盆花周围地面洒水。据测定，洒水后能立即降低地面温度 1～5℃，叶面喷水几分钟后叶面温度即可下降 1～2℃。

　　② 在阳台的一角建立砂槽。用砖围起一块地，里面铺上 3～5cm 厚的粗砂，把花放在上面，每天向砂面洒水 2～3 次，营造相对凉爽、湿润的小气候。

　　③ 在盛有凉水的水池上面放一块木板，把花放在木板上面，每天向池内添足凉水，以利增湿、降温。

　　④ 摆在室内的花卉，也可用加湿器降温、增湿。

3. 休眠花卉安全度夏

　　喜温凉的花卉在夏季高温期生长进入休眠或半休眠状态，如仙客来、倒挂金钟（图 2-29）、马蹄莲、花叶芋、令箭荷花、四季秋海棠等，应采取各种措施使其安全度夏。

图 2-29　夏季休眠的倒挂金钟

① 控制温度。避免强光直射，入夏后将休眠花卉放在阴凉通风的地方。气温高时需经常向植株和地面上喷水降温。

② 控制水量。水量保持盆土稍湿润为宜。浇水过多盆土久湿易引起烂根，浇水过少易使根部萎缩。

③ 停止施肥。休眠花卉生长消耗养分极少，施肥易引起烂根，甚至死亡。

仙客来、风信子、郁金香等球根花卉，可在地上茎叶枯萎后，将球茎挖起存放到凉爽、通风、干燥、避雨的地方。

4. 修剪整形

夏季花卉生长过旺，要及时抹芽，短截过长枝条，疏剪过密枝条。

花卉在夏天的养护禁忌如下。

（1）忌高温高湿、通风不良　室内通风较差，加上高温、高湿，容易发生病虫害，影响美观和长势，甚至导致死亡。应加强室内通风，还可定期喷施甲基托布津1000倍液或灭菌清1000倍液进行防治。

（2）忌光照太弱　夏季白天室内若关闭窗帘，导致光线暗弱，会影响花卉长势，不利于观赏。所以，放置植物的房间应保证适当光照，不宜太暗。

（3）忌用空调降温　房间使用空调降温时，空气湿度小，易使观叶植物的叶片萎蔫，并影响叶片光泽，严重时叶边缘会枯焦。被空调出风口直吹的花卉，叶片会很快失水而干枯，应将植物远离空调出风口摆放，并注意多喷水提高室内的空气湿度。

（4）忌用水不当　夏季气温过高，水分蒸发较快，浇水需及时。放在室外的盆花，下雨后要及时清理积水。

三、秋季养花禁忌

秋天气温适宜，阳光充足，是花卉的生长高峰期。为了花卉能度过即将到来的寒冬，在秋天就应该做好花卉的养护管理。

1. 水、肥管理

（1）观叶类花卉　可每半个月施一次稀复合肥，提高植株的御寒能力。

（2）观花类花卉　一年开一次花的秋菊（图2-30）、桂花、山茶、杜鹃、蜡梅等，需追施2～3次以磷肥为主的液肥，否则，不仅花小而少，还会出现落蕾现象。一年多次开花的月季、米兰、茉莉等，应供给较充足的水、肥。特别要注意增施磷肥或专用肥料，促使其不断开花。

（3）观果类花卉　结果季节，应继续施用以磷肥为主的复合肥。北方地区寒露后，气温明显降低，花卉大多数处于休眠或半休眠状态，一般不用施肥。

随着气温的降低，秋、冬季或早春开花的花卉及秋播的花卉，可根据每种花卉实际需要正常浇水。其他花卉应逐渐控制浇水，避免浇水过量引起徒长、花芽分化和遭受冻害。

2. 修剪

盆花入室前，应将过高、过密和所有病害或有虫害的枝条剪去。对于开花结果的花卉，

图 2-30   秋菊

秋季修剪有利于翌年多开花结果。月季如不缩枝会越长越长、花越开越小；如在深秋停止生长后把全株枝条从下部剪去，只留底部 3～5 枝 10～15cm 的立柱，第二年开花将更加旺盛。杜鹃、山茶等萌枝能力不强，只可适当剪除一部分影响株形的顶端枝条。

3. 繁殖

秋季也是繁殖苗木的时机。家中应用扦插法较多。适合于秋季扦插的，初秋时有杜鹃、米兰、茉莉、瑞香、天竺葵等，仲秋时有月季、茉莉、含笑、山茶、令箭荷花、常春藤、朱蕉等，深秋时有吊钟海棠等。

4. 冬季开花植物的秋季管理

秋季是冬季开花植物的生长旺季，秋季营养的积累直接关系到冬季开花。例如仙客来、马蹄莲、凤梨（图 2-31）、一品红、茶花、君子兰等。初秋温度相对较高，君子兰、茶花等应适当遮阴。仙客来幼株在秋初开始生长，应给 50% 左右光照。马蹄莲栽种出芽后可在有光照的阳台上培养。仲秋气候合适，这些花卉均应在有光照的地方培养，保证充足的水肥供应。

图 2-31   冬季开花的凤梨

初秋及仲秋施肥以氮肥为主，满足营养生长的需求。秋末逐步增加磷肥的供应，以促进花芽的分化及花蕾的增大。秋季如肥料供应不足，花蕾会少而小，茶花会落蕾；君子兰会夹箭，并且状况难以改善。

秋季空气干燥，易对叶片造成伤害，要洒水补充空气湿度，同时注意适度通风，否则易染病。但通风要适度，否则易造成叶片失水焦边。

秋末气温下降前，应将冬季开花植物移至有光照且温度较高的地方，避免寒风吹，否则容易落蕾。秋末最低气温应保持在10℃以上，直至冬季开花；开花后可适当降低温度以延长花期。

花卉在秋天的养护禁忌如下。

（1）忌入室太晚　11月后一些喜热的花卉要注意防寒，提早入室越冬。

（2）忌肥料不够、温度不足　冬季开花植物如在秋季供给肥料不够、温度过低，花卉的营养生长会受到影响，花蕾也会少而小，有些植物花期会推迟。

（3）忌通风差、修剪不及时　秋季气温较温和、雨水较多，花木生长旺盛，枝叶易繁乱。如不及时疏剪和抹芽，在通风不良处易引起虫害。

四、冬季养花禁忌

不同种类的花卉各有不同的生长习性，应采取不同的管理措施，才能保证其安全越冬。

1. 防寒、保温

冬季可把喜温暖或冬季仍在生长的常绿花卉，放在靠近南窗处，保证更充足的阳光和较高温度。不耐寒的常绿木本花卉，避免放在经常开启的门窗附近，以免冷风侵袭，造成植株受冻。如家中温度低，可自制一些简易保温设施帮助植物顺利防寒越冬。

（1）制作保温罩　在盆沿用铁丝扎成比花的冠幅略大的拱形圈支架，再用塑料薄膜将植株连盆罩上，不要让叶子贴在薄膜壁上。然后，在塑料薄膜罩上扎几个小洞，以利通风和换气。如天气特别冷，可用双层薄膜罩保温，保温效果显著。米兰、白兰花、茉莉都适用如图2-32所示长寿花。

图 2-32　长寿花

（2）利用套盆保温　用一只稍大的花盆，在盆内填上一些保温材料或放上土，将栽有花卉的盆嵌在大花盆内即可。

2. 增湿、防尘

冬季室内空气干燥，喜湿润环境的文竹、兰花、君子兰、米兰、山茶、龟背竹、马蹄莲等花卉，如长期处于空气干燥的环境下，会出现叶子干尖、干边、脱落及叶色变黄等，须人工增加空气湿度。

① 避免把盆花放在离暖气太近的地方。

② 经常用与室温接近的温水喷洗枝叶。在晴天中午前后进行喷水（傍晚喷水易使花受冻害）；喷水的同时保持室内空气流通。

③ 对于喜湿的兰花、君子兰、白兰、杜鹃（图2-33）、山茶等，可用塑料薄膜将盆花罩起来，增加和保持空气湿度，利于防尘、防寒。

图 2-33　喜湿的杜鹃花

④ 将1份啤酒加2～5倍水混合，用细纱布蘸着轻轻擦洗观叶植物叶面，或用喷雾器在叶片正、反面喷洒，使叶片浓绿、鲜亮。

3. 肥、水管理

冬季大部分植物缓慢生长或半休眠，植物养分吸收能力下降，应降低肥、水供给。盆土不干不用浇水，可停止施肥或施薄肥。水大会造成烂根死亡，浓肥易造成肥害致死。仙人掌类植物冬季不要施肥。

4. 控制温度

冬季室内温度一般在16～20℃，热带和亚热带花卉要控制浇水，否则易造成烂根死亡。温带花卉正常管理即可。

花卉在冬天的养护禁忌如下。

（1）忌室内温度过高　需休眠的花卉温度应控制在4～8℃，不能超过10℃。如温度过高，对下一年的生长不利。如米兰、栀子（图2-34）、茉莉、橘子、蜡梅、无花果、石榴、铁梗海棠、金银花、迎春、春兰、蕙兰等。

图 2-34　冬季害怕高温的栀子花

（2）忌肥、水过大　花卉在休眠期需要肥、水很少。冬眠花卉冬季不需施肥，施肥可能会伤害花卉根系。

（3）忌空气干燥　北方环境干燥，会影响花卉生长。应采用向叶片喷水和地面洒水的方法增加湿度。需空气湿度较高的花卉有山茶、杜鹃、兰花、吊兰、文竹、白兰、扶桑、仙客来、茉莉、橡皮树、龟背竹、米兰、含笑、海桐、仙人掌类等。

（4）忌光照不足　每天至少要有 3h 以上的光照，下一年花卉才能茁壮生长。即使没有叶子的木本花卉也要见阳光，不能长期放在阴暗处。

第三章　家庭花卉水肥管理一点通

绿植花卉的营养管理是指日常根据花卉的具体需求，对花卉进行的浇水、修剪、换土、防止病虫害和施肥等行为。本章讲述家庭花卉最常应用的浇水和施肥这两方面的管理知识。

第一节　花卉的水分管理常识

俗话说："水是一切生命之源。"养花者需经一段时间摸索，才能熟练掌握浇水技术。给花浇水，看似简单，实则颇有讲究。首先，各种花卉对水分的要求各不相同，必须"投其所好"。同时，还要注意水质和水温，并要掌握好浇水的时机和方法。此外，对于湿度，各种花卉也有各自的标准，同样需要注意。

一、不同时期的花卉如何浇水

1. 生长期

在花卉生长期确定盆花是否需要浇水，首先应当了解这种盆花对土壤水分有什么具体要求，再根据培养土的干湿情况来具体确定。例如对于耐旱的仙人掌类与多肉植物，如果无法掌握正确的浇水规律，就遵循培养土"宁干勿湿"的原则，即宁愿让培养土干些。即使让培养土完全干后过多天再浇水也无妨，也不要天天浇水，浇水过多很容易导致烂根。

（1）对于半耐旱花卉　掌握培养土"干透浇透"的原则，即等到培养土基本上或完全干了就浇水。

（2）对于耐湿花卉　要求培养土"宁湿勿干"，培养土表面一干即进行浇水。

（3）对于中生花卉　保持培养土"见干见湿"，等到培养土有部分干了才浇水，即浇水次数介于耐旱花卉与耐湿花卉之间，既不要等到培养土全部干了才进行浇水，也不要在培养土表面还没干时就进行浇水。

由于培养土的干湿情况受到季节、气候、培养土种类、花盆质地等的影响，所以盆花通常在夏季的浇水次数比春季和秋季多，而冬天最少；阳光灿烂的日子浇水次数比阴雨天的要多；沙土类的浇水次数比壤土类和黏土类的要多；用瓦盆栽种的浇水次数比用其他花盆的要多等。图3-1所示为给花卉浇水。

图 3-1　给花卉浇水

2. 休眠期

对于有自然休眠期的花卉，在休眠期浇水次数应当比生长期大大减少，甚至停止浇水。例如，落叶性的花卉在冬季落叶休眠时，就必须减少浇水次数。而有休眠期的球根花卉在球根休眠时（春植球根在冬季休眠，秋植球根在夏季休眠），就不需要进行浇水，把整个花盆放到防雨的阴处或角落处即可，第二年再换盆种植。

有自然休眠期的花卉，绝大部分是在冬季进行休眠。对于在冬季没有自然休眠期的花卉，也因为冬季温度低、植株生长缓慢甚至也被迫停止生长（被迫休眠），水分蒸腾蒸发少，培养土也干得慢。因此，冬天盆花的浇水次数，一般都要比其他季节明显减少。有一些不耐热的花卉如倒挂金钟、天竺葵、君子兰等，在夏季高温的地区栽培时，会因高温而生长缓慢，处于半休眠状态，此时的浇水次数也要大大减少。

至于在一天当中的浇水时间，一般以上午早些和下午迟些为宜。一般不要在傍晚进行浇水，因为晚上温度较低、湿度较大，如果浇水时植株上留有水滴，则因水滴存留时间长而容易引起地上部分发生病害。

浇水时水温要与土温或室温接近。如果用冷水浇花，根系会受低温的刺激，从而引起吸收能力的下降；还会抑制根系生长，严重时伤根甚至引起烂根。另外，如果冷水溅落到叶片上，也可能产生难看的斑点。所以在冬季浇水时，宜在中午前后进行。如果自来水温度太低（特别是早晨），可先储存1～2天再使用，储存期间水会吸热而使水温上升到接近环境的温度，储存的同时也使氯气得到了挥发。

二、盆花浇水小方法

给花卉浇水应掌握"见干见湿"和"不干不浇，浇必浇透"（或"浇透不浇漏"）的原则。掌握这两条原则可以避免浇水时出现两个错误：一是浇水过量，每次只浇"半截水"；二是浇水过量，导致花卉屡遭"涝害"。

1. 见干见湿

"见干"指的是盆土的表层出现发干迹象，颜色呈白色或潮黄色，但用手摸上去还有潮湿感；"见湿"是指浇水要一次性浇透，直至盆底的圆孔中渗出水来。"见干见湿"的浇水原则适合杜鹃花、南天竹、山茶花、兰花、万年青、月季、米兰（图3-2）等中性花卉。

图 3-2　米兰盆栽

2. 不干不浇，浇必浇透或浇透不浇漏

"不干不浇"指的是只有当盆土的表层彻底发干，用手摸上去比较粗糙、干燥时才浇水，否则就不能浇水。"浇必浇透"同样是指浇水应一次性浇透，表层土和深层的土壤应全部湿润，不能只浇半截水。"浇透不浇漏"是指表层土和深层的土壤虽然应完全湿润，但盆底圆孔中不能有水渗出来，表层盆土不能出现积水，否则就不符合"不浇漏"原则的要求。本原则适合的花卉品种有半支莲（图3-3）、蜡梅、石榴、仙客来、天竺葵、梅花、扶桑等半耐旱性花卉。

图 3-3　半支莲

应注意的是，喜温花卉可每天浇水一次，但每次浇水量应保证盆内不会出现积水，高温干燥季节还可在周围喷水，以提高空气湿度。

三、如何判断花卉是否缺水

不少花卉浇水都遵循"见干见湿"原则，也就是说只有当盆土发干时浇水才能保证花卉植物充分吸收。可是在某些情况下，有的盆栽表面虽然湿润，内部却十分干燥；有的虽然表面干燥，但内部仍然非常湿润。图3-4所示为缺水的仙人掌盆栽。

不少人为此都提出疑问，如何才能不用将植株取出就可以判断花卉是否缺水呢？

图3-4　缺水的仙人掌盆栽

1. 手指敲花盆

用食指的关节轻轻敲击花盆盆壁的上部，敲击的声音如果比较清脆，说明盆土的内外已经干透，花卉急需补水。反之，如果敲击的声音低沉、浑厚，说明盆土表面虽然已经发干，但内部仍然非常湿润，花卉不缺水。

2. 目测盆土

目测方法就是通过观察盆土表面颜色的变化来判断花卉是否缺水。大型木本花卉和不喜水的盆栽，如果表层的盆土为浅灰色，泥土1cm以下才见潮湿，说明花卉十分缺水；小型木本花卉和草本盆栽，表层盆土为潮黄色就意味着花卉已经处于"饥渴"状态。

3. 手指测量

将食指垂直插入盆土中，如果能轻松插入盆土下2cm的位置，而且土壤比较松软，有明显潮湿阴凉感，说明花卉暂时无需浇水；如果手指需用力才能插入土中，而且土壤粗糙坚硬，表示花卉缺水，需要立刻采取补水措施。

除了上述方法外，还可以使用手捻的方法，取少量盆土表层的土壤，用手指捻一下，如果土壤比较黏手，呈片状或团粒状，说明盆土中仍含有水分，花卉不缺水；如果用手捻后，土壤立刻呈粉末状，轻轻碰几下就全部散落，说明盆土已经干透，花卉缺水。

 【知识链接】

花卉缺失水分的症状有哪些

自然界中花卉种类繁多，不同的花卉对水分的要求有明显的区别。总的来说，适当的供水是花卉正常生长发育的保证。土壤中长期水分过多，则空气减少，会阻碍根部呼吸作用的进行而使其失去吸收水分的能力，致使根系窒息腐烂，叶片发黄脱落，以致植株死亡。倘若土壤中水分不足，根部所吸收的水分难以满足叶面水分的蒸发，叶片便会萎蔫。

四、如何"挽救"受涝害的花卉

对于盆栽花卉来说，倾盆大雨并不是久旱后的"甘霖"，而是一场天灾，是花卉受涝害的主要原因，图3-5所示为被大雨浇灌的花卉。如果花卉受涝后没有及时处理，盆土中滞水较久，不仅会多发病害，还会造成花株死亡。因此，对于诸多养花者来说，抢救受涝害花卉就等于"与时间赛跑"，只要抢救措施得当，花卉的成活概率往往在90％以上。

图3-5 被大雨浇灌的花卉

1. 疏通土壤

先用木棍从花盆底部圆孔和盆土表面对土壤进行疏通，使积在盆土下方的水能顺着圆孔流出来。

2. 通风干燥

将盆土表面多余的水分倒出，再将受涝害的盆栽移至通风较好且相对湿度较低的环境中，利用自然风的力量将潮湿的土壤"吹干"。

3. 撒干燥土壤

将潮湿的盆土挖出 1/3，然后撒上同等量的干燥新土，利用新土吸收旧土中的水分。土壤内水分较多时，可反复操作本方法。

4. 晾晒土球

对于水涝比较严重的盆栽，最好将植株连同土球一同取出，在阴凉处放一块具有吸水性的布或报纸，如图 3-6 所示晾晒土球，静置 3～4 天，待土球变得略微发干后重新上盆养护。

图 3-6 晾晒土球

5. 捆绑草绳

如果受涝害的植株是大型观叶类花卉植物，可用草绳围绕着株体从基部一直缠到 1/3～1/2，利用草绳吸收株体多余的水分。当土壤内的水分几乎排净后，再对草绳喷雾，可以起到湿润的作用，避免排水措施以及根系受损造成株体干死萎蔫。

小型盆栽如果因根系受损而影响正常吸水功能，可对叶面喷水或者喷洒抑制蒸腾剂，尽量减少植株脱水的危险。此外，由于受损根吸收能力较弱，暂时不要施肥，待根系恢复正常后再施适量的氮肥。

五、如何提高花卉的"加湿"功能

花卉植物具有"加湿器"的作用，通过叶面蒸腾可提高周围空气的湿度，改善人体黏膜干燥等不适，图3-7所示为给花卉加湿。但是如果周围环境比较干燥，花卉植物不仅无法完成蒸腾生理活动，还有可能与人体"抢夺"水分。有什么方法来提高室内盆栽周围的空气湿度呢？

图 3-7　给花卉加湿

1. 人工"降雨"

经常在花盆周围的地面上洒水，洒水时间在中午前后，每天洒水至少2次。

2. 人工"搭景"

在浅盘中放入碎石或碎瓦片，尽量将石头或瓦片垫得平一些。在浅盘中倒入清水，清水不应没过石头或瓦片的高度，接着将盆栽放在上面。也可倒少许水，直接将花盆放入盆中，如图3-8所示。日后养护时除正常浇水外，当浅盘中的水快干时应及时补充。

3. 大盆套小盆

这个方法适合中小型盆栽，先准备一个比盆栽大几号的花盆，然后将盆栽放入大花盆中间。在盆与盆之间填入潮湿的泥土、锯末、草炭或海绵，养花者应定时给盆壁中的泥土浇水，以使其保持长时间潮湿。

4. 套用塑料袋

在盆土上围着植株插几根高于植株的木棍，为花卉浇透水后用大塑料袋将植株全部套住，用绳子将其绑在木棍上封住底口。将用塑料袋套好的盆栽放在阴凉处，在夜晚将塑料袋摘除，可以使植株散发"湿气"，起到夜间加湿的作用。

图 3-8　花盆放在注水的浅盘中

 【知识链接】

长期"浸盆"有何害处

　　浸盆法是给盆栽浇水的一种方法，主要是为了方便无法保证浇水次数和浇水量的养花者。不过，这种方法只能偶尔为之，而不可频繁使用，盲目使用浸盆法只会对花卉有害无益。

　　（1）导致土壤缺氧。当盆栽被长期"浸泡"在水中时，水分就会通过花盆底部的圆孔不断向土壤侵入，容易造成盆土内积水。这种积水在盆土表面是很难观察到的，经常被养花者忽视。当盆土内的水越积越多后，就会将土壤中的空气"挤走"，影响根系呼吸，阻碍植株生长。

　　（2）破坏土壤结构。当水分在盆土下方大量蓄积时，会"杀死"土壤中的有益微生物，不仅降低土壤的肥效，还易提高盐碱度，不利于花卉生长。

六、经济实惠的自动浇花妙招

　　每逢"五一""十一"大假到来之际，相信很多人已经做好了出门旅游的计划，给自己准备好了一个美妙的假期。那么在离家这些天里，如果没人可托付照管，室内盆栽花草又该如何度过这些没人照料的日子呢？如果只出门三四天，将花草浇足水后放到阴凉处就可以了。可如果时间较长，就需要一些"机关"来解决花草浇水的问题了，虽然市面上有些自动浇花的设备出售，可那还需要花些"银子"的不是吗？下面就给大家介绍几种经济实惠的方法来完成浇花的工作。

1. 方法一

第一种方法最为简单，找粗细适中的布条或者小毛巾，一头浸到装满水的水盆里，另一头压在盆土里，水盆的位置同花盆稍平，这样利用布条、毛巾吸水，水分会慢慢地浸到花盆的土壤里，如图3-9所示。如果怕水盆里的水蒸发太快，还可以用塑料袋包住盆口。注意：布条、毛巾的粗细一定要合适，太细了水分浸不到花盆里，太粗了水分又流失得太快，起不到较长期的作用。

图3-9　浸水法

2. 方法二

第二种方法同样是细水长流式，找一个输液用的滴管，根据植物的大小确定水滴速度的快慢，就像平时输液一样，使水盆内的水缓慢匀速地滴入植株的根茎处。需要注意的是滴管前端要稍离开盆土，不能被盆土堵塞，否则会前功尽弃。

3. 方法三

第三种方法类似平时的浸盆法（图3-10），选一个较大的水盆，将盆中装些河沙，在河沙上浇透水，使河沙饱含水分。然后将花盆放到河沙上，这样可以让植株通过湿润的盆底吸收水分，达到较长时间的水分供应。如果没有河沙，也可以直接将花盆放到装有水的水盆里，水的位置不能过高，2～3cm高度即可，这样也能通过浸盆法使花草植株得到缓慢的、较长时间的水分供应，达到自动浇水的功效。

以上三种方法适用于出门半个月左右的朋友，因为毕竟容器里的水是有限的，时间太久的话还是托付给身边的人照料比较靠谱。

家庭养花

图 3-10　浸盆法自动浇花

4. 方法四

第四种方法是用水管连接自家的水龙头，把水龙头开到最小，让水一滴一滴地滴出来，水管另一头搭到花盆上。这种方法仅适用于家里花草较少，而且水压极其正常的家庭。因为水压不正常的地方，变幻莫测的水压会利用细小的缝隙冲开水龙头，到时候"水漫金山"可就不妙了。

 【知识链接】

家庭养花容器宜忌

家养花卉生长的好坏与栽种花卉的容器关系很大。栽种花卉的容器应通气保水，这样才有利于植物的生长。但是，人们在选择种花容器时往往只注重容器的外形美观，而忽视其保护植物生长的功能。例如多选择外形美观的塑料、玻璃钢或其他合成材料制造的容器，较少选择陶瓷容器，即使选择陶瓷容器，人们也喜欢选择釉面陶器。实际上，除特殊要求外，家庭种植花卉还是适宜选择土陶或紫砂陶容器，忌选塑料、玻璃钢或其他合成材料制造的容器和釉面陶瓷容器。

七、手把手教你水培花卉

水培花卉（图 3-11）就像是一个天然的"加湿器"，在增强观赏性的同时还能调节周围环境的相对湿度，更重要的是可以利用水培的方法减少尘土污染、提高空气质量。水培与土培相比，除了光照、温度、湿度等环境因素要求一样外，在花盆、基质、肥料等方面都有天壤之别，在日常养护管理时应当区别对待。

图 3-11　水培花卉

1. 花盆

水培容器的底部不能渗漏，最好选择虹吸上水花盆或者玻璃容器。

2. 介质

根据植株的大小、重量、持水力和根系粗细等，介质可选用具有一定密度且固定植物作用较好的陶粒、岩棉、砂粒。可以单独使用，也可分层使用，如底部用砂粒，上部用陶粒。此外，蛭石、珍珠岩的通透性和保水性都比较好，但必须与其他介质混合，珍珠岩或蛭石、泥炭按 1∶1 混合，泥炭、砂粒按 3∶1 混合。

3. 水

水培应当使用软水，家庭栽培使用自来水即可，但自来水应当静置数日，使杂质沉淀、化学物质分解。

4. 营养液与氧气

家庭水培可使用以硝态氮肥为主的低浓度专用营养液，按比例稀释使用即可。但是，由于水培使用的水溶氧率较低，因此需要提高营养液的含氧量。提高营养液含氧量有两种简易方法：一是缩短更换营养液的时间，增加更换次数；二是一手固定花卉植物，另一手轻轻摇动器皿十余次，利用振动增氧。

5. 栽种与管理

栽种前先将植株根系的泥土和叶片冲洗干净，然后用高锰酸钾稀释液对根系和基质进行

家庭养花

消毒。栽种时，一手扶植株，另一手逐渐填入基质，基质的表面应当与根茎交界点平行。

栽种后，将其放在半阴的环境下，浇入营养液，用喷水或喷雾方法提高湿度、降低温度。缓苗 1 周左右可正常管理：每 7 天浇一次营养液；每 6～12 个月连根将植株取出，冲洗根系和基质；夏季适当浇水，稀释营养液浓度。

第二节　家庭花卉施肥要点

在良好的生长环境中，养分是非常重要的元素。而施肥是不可缺少的途径，所以在正确了解花卉的营养特性与需肥规律的基础上科学施肥，才能让花卉更好生长。

一、了解花卉的营养元素

花卉正常生长发育所必需的 16 种营养元素属于花卉需肥的共性，图 3-12 所示为化肥培养的种苗。不同的花卉种类、品种、生育期、栽培环境及管理技术等，对养分的需求量、吸收能力、转化速率等存在很大差异。甚至个别花卉还需要特殊的养分，这就是属于花卉需肥的个性，即营养的特性。

图 3-12　化肥培养的种苗

1. 碳、氢、氧

碳、氢、氧是构成花卉有机体的重要组分。它们大量存在于水和空气中，若在庭院中露地栽培可从浇水和大气中得到满足。但是在温室中栽培需施二氧化碳气肥，当二氧化碳的浓度低于 $0.01\%～0.015\%$ 时就会影响光合作用；而二氧化碳浓度过高时，也会抑制根系呼吸和养分的吸收。

2. 氮

氮在花卉生命活动中占有重要地位。氮是蛋白质、核酸、核蛋白、酶、叶绿素、植物激素、维生素、生物碱的重要组分。在花卉体内含氮量约为干重的 2.5%～4.5%。

花卉对氮需求量因花卉种类、品种、生育期不同而有所差异。大多数观叶类花卉在整个生育期均需要较多的氮素供应，而大多数观花、观果类花卉，营养生长期需氮量较多，生殖生长期需氮量较少，休眠期需氮量极少；一年生花卉幼苗需氮量较少，生长旺盛期需氮量较多；二年生及宿根花卉春季需氮较多，以供其旺盛生长；球根及水生类花卉生长初期需要大量的氮，以满足快速生长发育的需要。

实践证明，在一定氮肥用量范围内，随施氮量的增加，花卉质量和产量也随之增加；但氮肥过量后，随氮肥用量的增加，花卉经济指标明显降低，且花期短，花色差，病虫害严重。

3. 磷

磷素是花卉体内细胞膜、细胞质、细胞核、核蛋白、ATP、植素等的重要组分。可促进花卉对碳、氮、脂肪等的代谢，并且对于花卉的生长至关重要。花卉体内磷含量一般为干重的 0.1%～1.0%。

增施磷肥可增加花卉茎、枝的坚韧性，促进新梢的木质化与根系的发育，提高花卉的抗逆性。幼苗期施用磷肥，能满足花卉磷素营养临界期对磷素的需求，抗性增强，花芽分化增加。当营养生长转至生殖生长期施用磷肥，可促进花芽分化、开花和结果，使花色艳丽，香味浓郁，花期长，果实大，着色好。对于观花和观果类花卉适量适时施用磷肥，可显著提高其观赏价值。

4. 钾

钾不是花卉体内的重要有机化合物的组分，但能参与花卉体内各种物质代谢、合成、转运与积累，因为钾是许多酶的活化剂。钾在花卉体内含量一般占干物重的 0.3%～1%。

增施钾肥，能使花色鲜艳，增加茎长、茎粗、花茎及花朵数量，增强抗病虫、抗寒、抗旱、抗倒伏能力。钾肥还能促进根系生长，尤其是对球根的形成有极好的促进作用。温室花卉冬季施钾肥，可弥补光线不足、温度偏低的缺陷。

5. 钙

钙是构成细胞壁的一种重要元素，在一般花卉生长旺盛的叶片中含量约占干重的 0.2%～1.5%。

钙可直接被花卉吸收，且在花卉体内起到调节细胞生理平衡、消除氢离子、铝离子、钾离子、钠离子等离子毒害作用，并能提高花卉的抗逆性，图 3-13 所示为钙肥。

我国南方栽培北方花卉时，常施入生石灰，可使 pH 值升高，从而消除 H^+ 的毒害；北方石灰性土壤中栽培南方花卉时，需施入石膏（硫酸钙），则可使 pH 值降低。

6. 镁

镁是叶绿素的重要组分，能促进叶片的呼吸作用，促进花卉对磷的吸收。镁在蛋白质、磷酸代谢中起重要作用。在花卉体内镁含量一般为 0.05%～1.5%。

因为在花卉栽培中往往忽视镁肥的追施，而在浇水中镁易于流失，因而花卉缺镁现象很普遍。施硫酸镁、钙镁磷肥是常用的补充镁肥的方式。

图 3-13　钙肥

7. 硫

硫是花卉蛋白质的重要成分之一，也是细胞质的组分，能够促进花卉叶绿素的合成。硫的生理功能非常广泛，且在花卉器官中分布很均匀，可促进豆科花卉根瘤菌形成，从而提高土壤中的含氮量。

8. 微量元素

（1）铁　铁在叶绿素形成过程中起着非常重要的作用，对呼吸、氮代谢、光合作用等方面的氧化还原过程也具有良好的作用。花卉叶片中铁含量范围一般为 75～125mg/kg。

铁是花卉栽培中最易缺乏的一种微量元素，尤其是在我国北方栽培南方花卉时，如山茶、杜鹃、八仙花等，最易发生缺铁而叶片发黄现象，甚至造成整株死亡。

（2）硼　硼对花卉生殖器官生长具有特殊的生理功能，主要促进花粉萌发和花粉管伸长，有利于受精结实，因此，以花器官中含量最高。硼在花卉正常生长时的含量约为 20～100mg/kg。硼能改善花卉体内氧的作用，促进根系发育和豆科花卉根瘤形成。花卉蕾期喷施硼肥，可增大花朵直径，使花色更加艳丽，且能延长花期，并利于下次开花前的花芽分化。

（3）锰、锌、铜　锰、锌、铜在叶绿素形成、糖类积累和运转中起重要作用，对于种子发芽、幼苗生长、种子形成等有良好作用。锰、锌、铜在花卉植物体内的正常含量范围依次为 50～100mg/kg、25～100mg/kg、5～15mg/kg。

二、花卉所需的有机肥料

有机肥料种类繁多，来源极其广泛，大多数种类的有机肥料均可用于花卉园艺生产，但均需经过加工处理。

1. 动物性有机肥料

动物性有机肥料（图 3-14）主要包括人粪尿和畜禽粪便等。

图 3-14　动物性有机肥料

在诸多有机肥料中，以人粪尿养分含量最高，且肥效最快，在花卉生产中施用量最大。一般是作为追肥，偶尔也做基肥。人粪尿使用前必须进行加工处理，一是发酵，二是灭菌杀虫卵。发酵是为了使之矿质化、有效化，便于根系吸收，避免花卉被"烧伤"。灭菌杀虫卵是为了将人粪尿中的蝇蛆、病菌、虫卵等杀灭，以免施用时给作物带来危害和污染环境，传播疾病。

除人粪尿外，畜禽粪便是另一大类有机肥。它们也需加工处理后才能使用。

鸡鸭粪便是一种很好的花卉肥料，大型养鸡场排出的鸡粪经过一系列无害化处理程序，生产出"消毒膨化鸡粪"，养分含量高，无臭味，是一种极好的花卉无土栽培肥料。

2. 植物性有机肥料

植物性有机肥料的成分和来源多种多样，大致可分为饼肥（图 3-15）和绿肥。

图 3-15　饼肥

前一类主要是指各种油料作物加工后的残渣，如豆饼、菜籽饼、棉籽饼、麻酱渣等。这类肥料含高蛋白质，同时也含有一定量的磷。因此，也是一种很好的有机氮磷肥料。很多饼肥也是很好的饲料。因此，饼肥也可经过加工处理后再利用。

绿肥主要是指可将整个绿色植物体翻压入土后做肥料用的植物，如苜蓿、紫云英等。绿肥易栽易得，产量高，肥分含量丰富，也是一种很好的肥料。在露地多年生花卉园中间作绿肥改良土壤，培肥地力，是养地的重要途径之一。

 【知识链接】

冬季该不该施肥

给盆花或地栽施肥在一年当中可分为三个阶段。第一阶段多在春季盆花出室时结合翻盆换土在盆内施入一次基肥。第二阶段是在从新梢抽生展叶到盛夏到来之前的生长旺季追肥，这时可根据盆株的大小和生长势的强弱，每隔10～15天追肥一次。夏季过后是施肥的第三阶段。

但对于观叶类花卉，应根据其生长习性和越冬时的环境条件来区别对待。一般来说观叶花卉进入冬季以后便不再追肥，但也不能一概而论。在养护南半球原产的君子兰等观叶花卉时，如果冬季室温能保持在18℃以上，正适合它们的生长，因此仍应定期追肥来加快它们的生长速度。

三、如何准备栽培基质

现代花卉生产广泛使用无土栽培基质或人工配制的基质，其目的是，如果基质中含有天然土壤，植物种植时间长了，土壤会出现板结等现象，而且土壤会有些病原体，容易感染病虫害。因此，花卉栽培的基质，经常是在土壤中添加一些其他物质或者完全不用土壤，采用各种有机物质和无机物混合作为栽培基质，以增加土壤的透气性、排水性和肥力。

在从事花卉栽培前，基质的准备是必需的。一般说来有以下几种方法。

1. 带土壤的人工配制基质

土壤混合基质（图3-16）含有不同比例的沙和泥炭，同时也会加入一些基肥。例如，对于大部分观叶植物以及一些开花花卉如八仙花、一品红、菊花、喜林芋、常春藤等来说，采用沙和泥炭的比例为1∶1。这是一种比较常用的配方，适合于需要中等透气性的植物。而对于秋海棠、大岩桐、栀子花、杜鹃等开花植物来说，使用沙和泥炭的比例为1∶3，因为这些植物对基质的透气性要求比较高。

2. 无土栽培基质

掺杂了土壤的基质存在重量大、需消毒等缺点，而无土基质可以弥补这些缺点。通常无土基质主要是以泥炭为主，与其他原料进行混合配制而成。对于穴盘苗、迷你观叶植物来说，适合使用1份泥炭∶1份（蛭石＋肥料＋石灰＋微量元素）的无土栽培基质。而大型盆

图 3-16　土壤混合基质

栽植物及要求排水性能良好的植物，可采用1份泥炭：1份（珍珠岩＋肥料、石灰）等。对于大部分观叶植物来说，可以采用2份泥炭：1份蛭石：1份（珍珠岩＋肥料＋硫酸铁）等。若是凤梨、兰花、蕨类植物等对排水性、通透性要求特别高的植物，应用比较细致的泥炭、树皮、珍珠岩、石灰、肥料、硫酸铁等混合基质。

3. 购买专用基质

市场还有专用基质销售商出售专用基质，即根据不同花卉需求而配制好的基质，如仙客来专用基质、一品红专用基质等。专用基质往往能更好地满足植物的生长需求，比自己配制要省时省力，但成本有可能会高些。

四、花卉各生育期如何施肥

花卉的需肥特性是合理施肥的依据。花卉需肥规律随其生育期而改变。因此，合理施肥还应研究不同生育期内各种养分的变化动态与特性。

1. 花卉营养的阶段性

一二年生花卉从种子萌发到种子形成，或多年生花卉从早春抽发新枝到开花结实，在营养生长到生殖生长的整个生活周期内，要经历不同的生育阶段。在这些生育阶段中，除前期种子营养阶段和后期根部停止吸收养分阶段外，在其他的各个生育阶段中主要通过根系从土壤中吸收养分。花卉吸收养分的整个过程称为营养期。不同的营养阶段对营养元素的种类、数量和比例等的要求是不相同的，这就叫作花卉营养的阶段性。摸清各种花卉在生育期中对养分的需求特性，有利于有针对性地制定施肥措施。

一般而言，花卉吸收养分的规律是：多年生花卉早春抽发新梢和长根，主要是利用花体内储藏的营养，从外界吸收的养分极少。随着枝叶的迅速生长，吸收养分的数量也不断增加，直到开花结实期，吸收养分的数量达最大值。花卉生长后期，生长量渐小，养分需求量也明显下降，到落叶休眠期即停止吸收养分。

2. 营养临界期

花卉营养临界期是指其在生长发育的某一时期对某种养分要求的绝对数量虽不多，但很敏感，这种养分不足或过多对花卉造成的损失难以弥补，这个时期称为花卉的营养临界期。花卉的营养临界期多出现在生长发育的转折时期。不同养分的临界期也不相同。一年生花卉磷素营养临界期是在幼苗期，多年生花卉是在新梢抽发和展叶期。花卉氮素营养临界期一般比磷要稍晚一些，往往是在营养生长转向生殖生长的时期。因此，强调氮磷肥基施就是要满足氮、磷营养临界期的需求。

3. 营养最大效率期

在花卉生长发育过程中还有一个时期，对养分的需求不论是在绝对数量上还是吸收速率上都是最高的，此期使用肥料所起的作用最大，增产效率也最为显著。这个时期就是花卉的最大效率期。这一时期常出现在花卉生长的旺盛时期，其特点是生长量大、需要养分多。因此，及时补充养分尤为关键。研究表明，各种营养元素的最大效率期并不一致。

综上所述，花卉施肥有两个关键时期，即营养临界期和最大效率期，但也不可忽视花卉吸收养分的阶段性和连续性。因此，在花卉施肥实践中，应施足基肥，重视适时追肥，才能为花卉创造良好的营养条件。

五、盆栽花卉叶面施肥

叶面施肥又叫作根外施肥，与土壤施肥相比，它不仅提升了肥料利用率，使花卉植物吸收到更多的营养，而且还能减少肥料的用量，从而降低了可能造成的污染，被称为"健康施肥法"。图 3-17 所示为叶面施肥的花卉。

图 3-17　叶面施肥的花卉

1. 喷施部位

叶面施肥的部位以盆栽枝条中部的叶片为主，该部位的叶片新陈代谢最旺盛，有利于肥液的附着与吸收，而幼叶发育不完善，对肥液的利用率不高，起不到施肥的作用。此外，对叶片施肥时，应将肥液喷在叶片的背面，因为叶背气孔较多，组织比较疏松，有利于养分渗透。

2. 喷施时间

对叶面进行施肥时，气温不宜低于18℃或高于25℃。因为在这个"气温段"，叶面对肥液的吸收利用最好。如果气温过高，就会导致肥液中的水分蒸发，无法顺利从叶片进入植株；气温过低又会使叶面气孔处于闭合状态，不利于营养吸收。

因此，施肥应选在上午9点之前或下午4点之后，阴天全天都可以施肥，尽量延长叶片湿润的时间；气温较高的夏季宜在傍晚进行叶面施肥，而寒冷的冬季则不宜叶面施肥。此外，在花卉植物的生长旺期不要根外追肥，以免营养过剩造成肥害。

3. 增加附着性

为了使肥料能够更"牢固"地附着在叶面上，制作液肥时可加入0.2%的中性洗衣粉，用喷雾器喷在叶面上，使养分有充足的时间渗入叶内。

4. 液肥浓度与酸碱

浓度、酸碱适当的肥液有助于叶面吸收。在调配时应注意以下几点。

（1）含有大量营养元素的盐溶液浓度为0.2%～2%，微量元素的盐溶液为0.01%～0.1%。

（2）如果肥液的主要营养成分是阳离子，就应将其调成微碱性；如果肥液的主要营养成分是阴离子，就应将其调成微酸性。

（3）双子叶植物的成株的肥液应稀一些，幼嫩的植株可适当浓一些。

最后还要注意的是，叶面施肥并不能完全取代土壤施肥，它只具有辅助性，过于依赖叶面施肥会导致植株营养不良，生长缓慢。

六、花卉的合理施肥

施肥是养护花卉一项极为重要的技术措施。但是要充分发挥肥料的最大经济效益，做到科学施肥，却有很多错综复杂的问题，必须根据花卉的需肥特性、不同生长阶段、根系的深浅及土壤、气候、市场需求特点等因素全面考虑，方能做到"恰到好处"，提高肥料利用率。

1. 根据花卉不同生长阶段分期施肥

（1）根据生理平衡原则施肥　不同种类的花卉，其生物特性和需肥特性不同。以观果为主的花种（如葡萄、金橘等），需要的养分除大量氮肥外，还需磷钾肥；以观叶为主要产品的花卉，需要以足量氮肥为基础，配施钾肥；而以观花为主的花卉，重氮肥，配施磷钾肥，还要控制微量元素和稀土肥料。施肥过程，需要各种元素间的平衡配合，才能发挥最大效益。

（2）根据花卉不同生长发育期施肥　随着花卉的生长，各个阶段对各种养分的需求不同。如多年生花卉，在幼苗速生阶段，正是长叶关键时期，需特别注意施肥，其中需求量最大的是氮肥，再配合磷钾肥，为以后的花开做好营养准备。图3-18所示为给花卉幼苗施肥。

（3）根据不同的生长季节施肥　同一种花卉在不同季节，施肥量也不相同，春季根系恢复生长之前和秋季落叶休眠之前，为了根系的生长，应尽早施入基肥和适当施磷肥、钾肥；春季萌芽抽枝叶期，需要大量氮肥补充营养，但也不可过早，否则根系容易受损；在进入6月后，是花芽分化时期，此时应控制氮肥并保证磷钾肥的供应。

图 3-18　给花卉幼苗施肥

2. 根据花卉生长习性与观赏特性施肥

如观叶花卉、荫木类树种、林木类，生长季节多施氮肥，可提高其观赏性；早春开花类，要给予冬季充足的基肥供应，以使花大而多；一年多次开花的花卉种类，除在休眠期施基肥外，每次开花后也得补充养分，保证下一茬花的正常开放。

3. 根据肥料特性施肥

某些肥料的特殊功用，需要差别对待。如硼肥可促进根系生长，增强抗寒性；生石灰可降低土壤酸度，改善土壤结构；钾肥可促进光合作用等。

七、花卉"中毒"怎么办

花卉生长需要必要的养分，但不可过量。肥水浓度过高，会产生一系列不良反应，如烂根、叶片枯萎掉落（图 3-19）、生长缓慢或观花植物徒长叶片而不开花等。下面就教大家几招稀释肥料浓度的实用方法。

图 3-19　花卉"中毒"枯萎

（1）"中毒"较轻的，我们采取保守疗法。用清水浇灌根部，用清水清洗和稀释盆土中的肥料，浇灌两三次即可。浇灌后，盆花放到阴凉处，稍干后再移到光线合适的地方恢复正常的养护就行了。

（2）在植株周围撒点蔬菜种子，等种子出土几天后将蔬菜拔了。蔬菜种子发芽过程会消耗一些肥料，这样也能达到稀释盆土肥料浓度的作用。

（3）如果因为施用未腐熟的有机肥"中毒"，那就及时地将植株换盆。

八、如何自制"绿色"肥料

氮、磷、钾是盆栽花卉植物不可缺少的营养素，这些营养素的来源多种多样，除了可以从化学肥料中找到外，在生活中也随处可见，如中药渣、豆渣、小苏打等，用来做肥料既可起到与化肥相同的作用，又不会污染环境，真正贯彻现代的"绿色环保"理念。

1. 中药渣

中药渣（图3-20）能提供花卉生长所需的3种营养元素，并且增加土壤的透气性和透水性。制作方法是：将中药渣按照1∶10的比例与田园土翻拌均匀，然后再加少许水沤至药渣腐烂。当药渣分解成腐殖质后，将其作为底肥填入盆内或与栽培土混合使用。

图3-20　中药渣

2. 食用醋稀释液

北方与南方土质、气温等环境条件不同，为了避免发生"南橘北枳"的问题，北方地区在栽培南方花卉时，不妨将食用醋与水按照2∶3的比例稀释，然后将其喷在花朵和枝叶上，有助于促进植株对磷、铁等微量元素的吸收，可使花朵变得硕大、光艳照人，并且还可以解决叶片发黄问题。

3. 淘米水

淘米后剩下的水可千万不要倒掉，因为它也是"绿色肥料"大家庭的一分子。将淘米水沉淀后，将其与腐烂的西红柿放在容器中，发酵后施入盆中可使花繁叶茂。

喜欢山石盆景的人也可以用淘米水浇灌需要长青苔的地方，一般半个月至一个月就能使盆景生出绿茵茵的青苔。如图 3-21 所示为淘米水浇灌出的青苔盆景。

图 3-21　淘米水浇灌出的青苔盆景

4. 豆渣

磨豆浆后剩下的豆渣不但是营养丰富的食物，还是仙人掌类花卉的上等肥料。制作时，先将豆渣装入缸中，按照 1∶10 的比例倒入清水发酵，夏天发酵 10 天，春秋季发酵 20 天。接着，在发酵物中再按 1∶10 的比例加入清水，翻拌均匀后即可使用，图 3-22 所示为豆渣。

图 3-22　豆渣

5. 啤酒肥

花卉的新陈代谢离不开二氧化碳，啤酒中就含有大量的二氧化碳，将啤酒与水按照 1∶10 的比例稀释后直接浇花，可使花色鲜艳、花朵繁茂、叶片浓绿。

第四章　家庭花卉病虫害防治一点通

花卉是一种观赏性植物，可以美化我们的生活。但是若花卉遭受了病虫害，会极大地降低其观赏性。面对病虫害的大肆侵扰，我们应如何科学地采取预防措施，做好花卉的"家庭医生"呢？

第一节　花卉病虫害常识

在花卉生长过程中，遭受伤害最大的莫过于病虫害，虽然普遍，但也是可控的。我们可以通过严格消除病虫害传染源、加强花卉的栽培管理与养护、及时正确地施药等途径进行预防或防治，从而减少或杜绝家居花卉病虫害的发生。

一、花卉病虫害的识别小技巧

庭院花卉病虫害的种类多，防治方法也不一样。为有效地进行防治，必须及时发现、正确识别诊断病虫害种类，对症下药，方可收到事半功倍的效果。

（1）花苗枯死、倒伏，缺苗断垄　通常是管毛生物、真菌等引起的立枯病，或蛴螬、蝼蛄等地下害虫危害的结果。

（2）叶片上出现不同形状、不同颜色的斑点　有枯斑、褐斑（图4-1）、黄斑、轮斑、白斑、霉斑、煤污等，多是真菌引起的病害。而斑的周围有晕圈，有时穿孔或叶片腐烂的，则常是细菌引起的。潜叶的蝇、蛾类可给叶面造成枯斑，但多有细长的虫道，虫道内有排出的虫粪。而日灼、化学伤害造成的斑多为褐色或黄白色，斑上见不到灰霉、小黑点等。

（3）叶片畸形，颜色异常　叶片出现肿胀、瘿瘤、突起、卷缩等，常是某些真菌或瘿蚜、螨类危害形成的。一些病毒亦可引起叶片畸形，或出现花叶。叶面被一些蜂类危害亦可出现瘤体。病毒侵染或缺某些微量元素，都可引起叶面出现褪绿、黄斑、环纹、斑驳、网纹、块斑、失绿等。

（4）叶、新梢、花器、果实上出现白色粉层　后期白粉层中生有小黑点的，是白粉菌引起的白粉病，如图 4-2 所示为感染白粉病的紫薇，叶背面有白粉层。

图 4-1　出现褐斑病的绿植叶片

图 4-2　感染白粉病的紫薇

（5）叶片缺损　常是食叶害虫危害的结果，而叶片遭受日灼、冻害等，以及冰雹、大风危害，亦可致叶片缺损。

（6）植株枝梢枯死或全株枯死　蝉等害虫以及枝枯病危害可致枝、梢枯死；根部病害以及严重的干部皮层腐烂和溃疡等以及线虫病，可导致全株枯死。图 4-3 所示为枯死的花卉盆栽。

（7）小枝丛生，似扫帚状　多是植物菌原体病害，有时是真菌引起的。

（8）枝、梢、干部出现孔洞　有木屑排出的，是天牛或木蠹蛾危害的。小蠹虫、吉丁虫危害亦有孔洞，但较小，没有木屑等排出。

（9）枝、干、根部出现瘤体　常是细菌引起的冠瘿病，有时是白杨透翅蛾或杨干象、青杨天牛危害引起的，或是真菌引起的枝瘤病，而线虫寄生根部，可产生瘤状物，苹果绵蚜危害亦可在枝、干部产生瘤体。

第四章　家庭花卉病虫害防治一点通

073

图 4-3　枯死的花卉盆栽

（10）枝、干部皮层破裂　有时木质部和皮层纵裂，并有锈色液体流出。前者多为冰雹害，或人为、机械损伤、鼠害，后者多为冻害。

二、常见花卉虫害有哪些

为害花卉的主要害虫有蚜虫、蚧壳虫、天牛、蝶蛾类等，为了让大家了解这些害虫，这里对它们的形态特征等介绍如下。

1. 蚜虫

蚜虫（图 4-4）种类很多，在分类学上它属同翅目、蚜总科。蚜虫多发生在植物的芽、嫩茎或嫩叶上，吸食植物的汁液，使受害部位褪色、变黄，造成植株营养不良、器官萎蔫或卷缩畸形，甚至整个植株枯萎、死亡。蚜虫除直接为害外，还是许多病毒的传媒。可采用内吸性药剂进行喷雾或灌根防治。

图 4-4　夹竹桃叶上的蚜虫

2. 蚧壳虫

蚧壳虫（图4-5）种类很多，形态特殊，在分类学上它属同翅目、蚧亚目。蚧壳虫多发生在植物的叶、枝或茎干上，吸食植物的汁液，使受害部位褪色、变黄，造成植株营养不良、萎蔫，甚至整个植株枯萎、死亡。蚧壳虫除直接为害外，还是许多病毒的传媒。可采用内吸性药剂进行喷雾或灌根防治。

图4-5　绿植叶片上的蚧壳虫

3. 天牛

天牛（图4-6）种类较多，在分类学上它属鞘翅目、天牛总科。成虫白天活动，取食植物的叶片、皮、花粉。幼虫多数钻蛀植物的茎或根，蛀入植物的木质部，做不规则的蛀道，蛀道的孔通向植物茎或根外面，排出粪粒和木屑，这是发现蛀干害虫的重要线索。天牛蛀入植物的木质部后严重影响植物的生长，常造成植株、枝干断裂或枯死，甚至植物整株死亡。可采用内吸性药剂进行灌根防治或人工捕杀。

图4-6　害虫天牛

4. 蝶蛾类

蝶蛾类的种类很多，体小到中型，色彩绚丽，在分类学上属鳞翅目。成虫颜色变化很大，有的非常美丽，身上密被扁平细微的鳞片，组成不同颜色的斑纹。幼虫常为害植物的叶、花、果、茎、根等，造成叶片和花等缺刻、卷曲、潜道，茎干、果、根等缺刻、孔洞，影响植物的生长和观赏，特别是花卉植物的观赏，图4-7所示为害虫白蛾。可采用触杀性药剂进行喷雾防治或人工捕杀。

图 4-7　害虫白蛾

5. "视而不见"的螨类

说到螨类，大家对它的名称应该是听说过，如寄生在人皮肤里的蠕形螨，生活在空气中或枕头、被褥上的尘螨，面粉中的粉螨等，只是对它的模样了解甚少罢了，因为它的个体很小，若不留意不易看见，一般要用放大镜来观察。螨类常在植物叶背面为害，为害初期叶片出现失绿的斑点，后造成失绿斑、整叶变黄、卷曲变形，严重时造成叶片脱落。为害花卉的种类有叶螨（红色，俗称红蜘蛛，如朱砂叶螨、柑橘全爪螨）、细须螨（黄色、红色，如短须螨）、跗线螨（白色，如茶跗线螨），图4-8所示为螨虫。

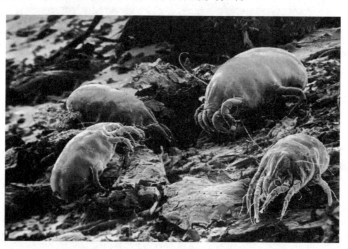

图 4-8　螨虫

三、害虫如何"伤害"花卉

害虫对花卉的为害很大,严重地威胁着花卉的繁殖、生长、开花、结果以及观赏价值,成为家庭养花和花卉生产的主要敌害之一。概括地讲,害虫对花卉的危害分为取食性危害、非取食性危害和传播植物病害这三个方面。

1. 取食性危害

害虫能直接为害花卉的根、茎、叶、芽、果实、种子等部位,形成不同的被害状。因害虫口器和取食部位不同,表现出多种为害方式,归纳起来,主要有下列 6 种。

(1)咀食 害虫啃食叶片使之形成缺刻、孔洞或将叶片吃光,仅残留叶柄和叶脉,严重影响花卉生长发育和观赏。

(2)卷叶或缀叶营巢 卷叶蛾类幼虫(图 4-9)常将叶片卷曲,藏在其中食害;天幕毛虫幼虫吐丝结网,缀叶营巢,成群在内取食,造成叶片卷缩,破坏嫩梢、嫩叶的正常生长。

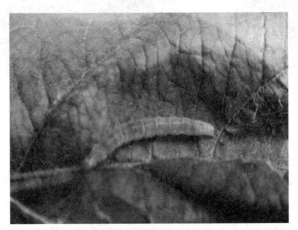

图 4-9 卷叶蛾类幼虫

(3)潜叶 幼虫在叶片的上下表皮间食害叶片,形成弯弯曲曲的隧道。

(4)钻蛀 天牛幼虫等在花木枝干的木质部内钻成隧道,蛀食为害,受害后花木提早衰老枯死,如图 4-10 所示为钻蛀的天牛幼虫。

图 4-10 钻蛀的天牛幼虫

（5）刺吸　被害部位出现褪绿斑点或黄褐色斑点，嫩叶卷曲，果实畸形，甚至整株枯死。

（6）虫瘿　植株根、茎、叶等部位由于某些害虫的侵害或产卵刺激而形成虫瘿（图 4-11），影响观赏效果。

图 4-11　有虫瘿的花卉

2. 非取食性危害

这种危害方式在花木上常表现为产卵伤害和钻土伤害两种。

（1）产卵伤害。大青叶蝉成虫将卵成排产在茎干、枝条表皮下的组织中，破坏花木输导组织，造成枝条和幼树枯萎，图 4-12 所示为叶片上的虫卵。

图 4-12　叶片上的虫卵

（2）钻土伤害　蝼蛄（图 4-13）在土中钻行形成许多隧道，使幼苗根系与土壤分离失水而死，造成大量缺苗、死苗。

图 4-13　在土中钻行的蝼蛄

3. 传播植物病害

许多种植物病毒都是由害虫传播的。受到害虫为害造成的伤口，为某些病原菌侵入打开了入口。此外，蚜虫、粉虱、蚧壳虫等害虫排出的蜜露沾污叶片，易导致煤污病的发生等。

四、花卉的病虫害防治原则

在花卉的生长发育中，由于外部环境影响，常常会发育不良，如叶片变形、各种病斑，甚至死亡。所以病虫害的防治工作势在必行。

1. 选择适宜的栽培环境

一般情况下应选择在通风、向阳的地方栽种花卉。光照、温度和湿度能够合理调节的地方，病虫害的发生会相对减少。

及时清除病虫植株残体和枯枝落叶，并集中销毁。在生产操作过程中避免重复污染，修剪、中耕、除草、摘心时一定要合理科学，并且要防止用具和人手将病菌传给健康植株。有病的土壤和盆钵，不经消毒，不能重复使用。

2. 选择优良的栽培苗木

栽种时要选用无病苗木，或是优良、抗病虫性强的种子。有些病虫害是随种子等繁殖材料扩大传播的，对这类病害的防治必须把培育和选择种植无病虫害的种子作为一项重要的措施。同时，土壤要进行消毒处理；经常铲除杂草，消除病虫害侵染源。

3. 加强科学的日常管理

加强土壤、施肥、浇水等方面的科学管理。施肥和灌水合理得当，会使植株生长健壮。使用有机肥时，一定要充分腐熟，以减少侵染源；若使用无机肥料，一定要注意各元素之间的平衡，促使植株生长健壮，增强抗病力。浇水的方法、次数、浇水量和时间均与植物的生长发育和抗逆性有关。

4. 发现病虫害科学防治

防治方法一般有3种。

（1）生物防治　以菌治病、以菌治虫或以虫治虫的防治方法，图4-14所示为小鸟捉害虫。

（2）物理防治　主要通过热处理、机械阻隔和射线辐照等方法防治病虫害，如早春覆盖地膜。

（3）化学防治　简单讲就是用药，操作简单，效果显著，但是对环境污染较大，所以应选择低毒、高效、污染小的农药防治病虫害，不可滥施农药。

图4-14　小鸟捉害虫

第二节　合理使用药剂

对家居花卉植物的病虫害，应提倡"预防为主，综合防治"。在农药使用当中，同一盆花卉里往往有多种病虫害同时为害，为了提高防治效率，就将农药复配和混配，但是在使用农药复配和混配的同时也要合理。

一、认识化学农药

化学农药包括防治病虫害和调节植物生长的药剂，提高药剂效力的增效剂、辅助剂。化学农药按防治对象及用途分为：杀虫剂、杀菌剂、除草剂、杀螨剂、杀线虫剂、杀鼠剂、植物生长调节剂，下面对几种化学农药进行介绍。

1. 杀虫剂

杀虫剂按作用分为以下几种。

（1）胃毒剂　害虫直接取食后，会中毒死亡。可防治敌百虫类的咀嚼式口器害虫。

（2）触杀剂　药剂接触害虫体壁后进入体内，害虫会中毒死亡。

（3）内吸剂　植物根、茎、叶可以吸收，还可以将其传导到害虫其他部位。

（4）熏蒸剂　害虫吸入气体状态的药剂后，药剂进入呼吸系统内使之中毒死亡。

（5）驱避剂（忌避剂）　像樟脑丸类（图 4-15）害虫不敢接近的药剂。

（6）拒食剂　害虫取食后会拒绝再取食，直至饿死。

（7）其他　不育剂、昆虫生长调节剂等。

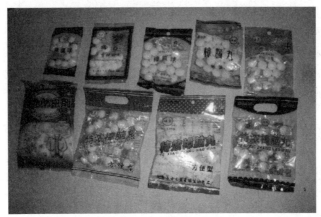

图 4-15　各种樟脑丸

2. 杀菌剂

（1）按作用方式可分为以下几种。

① 保护植物不受病原物侵染的保护剂。

② 能杀死或抑制植物体内病原物的生长繁殖，有治疗作用的治疗剂。

（2）按能否被植物吸收传导可分为以下几种。

① 非内吸杀菌剂。通常是保护剂。

② 内吸杀菌剂。具有保护和治疗作用。

3. 除草剂

图 4-16 所示为多种除草剂。

图 4-16　多种除草剂

（1）按除草的性质可分为以下几种。

① 选择性除草剂。在一定剂量范围内，只能杀死特定植物，对其他植物没效果的除草剂。

② 灭生性除草剂。能杀伤所有植物的除草剂。

（2）按作用方式（能否在植物体内传导）可分为以下几种。

① 内吸型（传导型）。植物的根、茎、叶能够吸收并能传导到植株的各个部位，使全株死亡。一般用来防除一年生和多年生杂草。

② 触杀型。害虫只有接触到才会被杀死，且不具备传导性，可以防除一年生杂草，但是对多年生杂草，只能杀死地上部分，对地下部分无效。所以施药时要均匀周到。

二、如何正确使用农药

当花卉绿植遭受病虫害时，我们该如何正确使用农药呢？以下介绍的是农药的不同使用方法。

1. 喷雾法

喷雾法是借助喷雾器械将药液均匀地喷于目标植物上的施药方法，是目前生产上应用最广泛的一种方法。其优点是药液可直接接触防治对象，且分布均匀，见效快，缺点是药液易漂移流失，对施药人员的安全性差。图 4-17 所示为农药手动喷雾壶。根据单位面积的喷药液量的多少和雾滴的粗细，可分为以下几种。

图 4-17　农药手动喷雾壶

家庭养花

（1）常容量喷雾法　喷出的雾滴直径在 $200\mu m$ 左右，如背负式手摇喷雾器喷雾。

（2）低容量喷雾法　喷出的雾滴直径在 $100\sim150\mu m$，如机动弥雾机喷雾。

（3）超低容量喷雾法　雾滴直径在 $100\mu m$ 以下，如手持电动式超低量喷雾器喷雾。低容量和超低容量喷雾的优点如下。

① 用水量少，工效高；

② 浓度高，雾滴细，药效高。

低容量和超低容量喷雾的缺点如下。

① 雾滴细，污染环境严重，防效受风速影响大；

② 浓度高，易产生药害。

一般低容量和超低容量喷雾较适宜于喷施内吸性药剂或防治叶面病虫害，药剂要求低毒。

2. 撒施法

撒施法包括撒颗粒剂、撒毒土。撒毒土一般，与药剂拌匀撒施。适用于地下害虫及根茎基部病虫害。

3. 灌根法

灌根法适用于根、茎基部病虫害。

4. 拌种、浸种、浸苗法

此法适用于种苗带菌及其地下害虫防治。

5. 涂抹法、注射法、打孔法等

此法适用于内吸性药剂。

三、稀释花卉药剂的方法

防治花卉病虫害的药剂一般在花市里可以买到。买到的原药除了低浓度的粉剂、颗粒剂和超低容量喷雾的油剂等可直接使用外，一般要稀释到一定的浓度才能使用。

要取得良好的防治效果，正确计算原药的稀释浓度很重要。在家居花卉病虫害防治中，我们可采用简便易行的倍数法来稀释原药。倍数法是指稀释原药时，按原药剂的多少倍加入水或其他稀释剂（如细土、颗粒等）。倍数法如不注明按容量稀释，一般都是按重量计算。稀释倍数越大，按容量计算与按重量计算之间的误差就越小。

在实际应用中，根据稀释倍数的大小，倍数法又分两种。

（1）稀释100倍以下　计算时要扣除原药剂所占的1份，如稀释80倍，即用原药剂1份加稀释剂79份。

（2）稀释100倍以上　计算时不扣除原药剂所占的1份，如稀释800倍，即用原药剂1份加稀释剂800份。

科学、正确的药剂稀释方法是防止浪费、保证药效的重要措施。例如，可湿性粉剂的稀释，通常采取两步配制法，即先用少量的水将药剂配制成较浓稠的溶液，充分搅拌后再加水至规定的稀释浓度，并搅拌均匀。这种方法可避免药剂粉粒的团聚，有利于粉粒充分分散，药剂浓度均匀。采用此法须注意的是：所用的水量要等于所需用水的总量，否则将会影响预期配制的药液浓度。

液体药剂的稀释方法，应根据药液稀释量的多少以及药剂活性的大小而定。用液量少的可直接进行稀释，即在准备好的配药容器内盛好所需用的清水，然后将定量药剂缓慢地倒入水中，用小木棍轻轻地搅拌均匀，便可供喷雾使用。

如果在大面积防治中需要配制较多的药液量时，这就需要采用两步配制法，即先用少量的水将农药稀释成较浓稠的药液，再将配制好的该药液按稀释比例倒入准备好的清水中，搅拌均匀为止。

四、使用农药安全举措

农药是有毒性的，所以在使用过程中，应采取必要的安全措施。

（1）开瓶前，先仔细阅读说明标签，严格遵循标签上的说明指导进行操作。

（2）配药和施药时戴上橡皮手套、袖套、口罩等，做好安全防护工作。

（3）根据说明书计算农药的使用量。不可随意提高或降低浓度，且液剂应用量筒量取或注射器吸取；粉剂或颗粒剂用小匙，称取时在小天平上垫一张小纸。把农药倒入小喷雾器中，加水混匀。

（4）控制药量，若药量没用完，就倒入室外绿地里，也可倒入排水沟或洗手间冲走。

（5）配药和施药时，严禁吃、嗅和喝任何东西。

（6）如果是盆花，配药和喷药的环境应在阳台地面上或楼房外空地（颗粒剂直接施在盆土中），以免药剂伤害行人。药剂要尽量喷到虫体上，喷洒完后把盆花放回原处，在几天内不可触摸盆花。

（7）用具专用，用完后用洗衣粉水彻底洗刷干净后恰当存放。手也得消毒洗净。

（8）农药位置存放得当，不能放到孩子可接触的范围。大多数农药储存时间至少为2年。

五、自制环保花卉杀虫剂

养花者可以试着自制环保杀虫剂，既无药害，又不妨害其生长。

（1）洗衣粉溶液　2g洗衣粉加500g水搅拌，加入一滴风油精（图4-18），做成喷雾。对蚜虫、红蜘蛛、蚧壳虫、绿刺蛾、粉蝶、白粉虱等都有效果。

图 4-18　风油精

（2）大蒜液　大蒜液针对月季的白粉病和黑斑病有很好效果。30g蒜头，捣烂后加入500g加水，过滤，用滤液制成喷雾，每天1次，连喷3～4次，或者用毛笔或牙刷把蒜液直接涂在患处。而且把捣碎的大蒜插到盆土中，还能杀死蚂蚁、蚯蚓和线虫。

（3）花椒液　用50g花椒（图4-19），500g水加热煮沸，熬成250g的药液，用6～7倍水稀释后喷洒，可用来杀死蚜虫、白粉虱和蚧壳虫。

图4-19　花椒

六、如何用叶子自制农药

其实很多树叶就是防病治虫的好农药，不仅成本低、污染小、效果好，还方便易得，很值得推广。

（1）苦楝　把苦楝叶（图4-20）晒干切碎，加水，叶水比为1：2，温火慢煮50min，过滤，加入0.3％的中性洗衣粉。用时需要加入1倍的水稀释，对食叶类幼虫效果显著。干叶粉碎后撒到盆中，还能防治蛴螬、金针虫等地下害虫。

图4-20　苦楝树叶子

（2）乌桕　把新鲜的乌桕叶（图4-21）捣烂后加水，叶水比为1：5，需要浸泡1天，过滤，把滤液制成喷雾，对蚜虫和金花虫均有效果。

图 4-21 乌桕叶子

（3）苦瓜叶液 把 100～200g 的苦瓜叶（图 4-22）捣烂加水，加等量石灰，搅拌均匀，浇在植株的幼苗根部，可杀死地老虎。

图 4-22 苦瓜叶

第五章　家庭花卉繁殖育苗一点通

自己亲手种植养护的花，比买来的现成的花感情要深厚得多，自己动手，总有一份心意在里面，这种精神上的满足是难以比拟的。

第一节　常见花卉繁育方法

花卉繁殖的不同方法，往往适用于不同的花卉。繁殖并不难，只要用心学，人人都可以掌握。要是通过繁殖得到新品种，那更是令人惊喜。

一、花卉的繁殖种类

花卉的繁殖方法有很多种。人们通常将它们分为有性繁殖和无性繁殖两大类。

1. 有性繁殖

有性繁殖，又叫种子繁殖或实生繁殖，主要是指用种子繁殖花卉植物的方法。优点是植株根系强大，生命力旺盛，适应性较强，寿命也较长，并能在短期内得到大量植株。缺点是很多花卉易失去母体的优良特性，出现不同程度的变异或退化，且开花结实较迟。

2. 无性繁殖

无性繁殖，又叫营养繁殖。利用花卉的根、茎、叶、芽等营养体的一部分来进行繁殖，从而获得新的个体的方法。它包括分株、扦插、压条、嫁接和组织培养等方法。优点是能保持母体的优良特性，可以提前开花和结果。缺点是寿命不如种子繁殖的长，繁殖方法也不如种子繁殖简便。

花卉无性繁殖的方式有以下 5 种。

（1）分裂生殖　如细菌，一个生物体直接分裂成两个新个体。

（2）出芽生殖　如酵母菌，在母体的部位上长出芽体。

（3）孢子生殖　如青霉等这类的真菌和一些植物，产生孢子，萌发新个体。

（4）营养生殖　如马铃薯的块茎，植物体的营养器官（根、茎、叶）的一部分，从母体脱落发育成新个体。

（5）断裂生殖　如颤藻，这类生物体部分断裂，然后每小段发育成一个新个体。

有很多花卉需要无性生殖，如牡丹等雄蕊或雌蕊瓣化成重瓣花的；如扶桑等子房退化不能结实的；如茉莉等原产于热带和亚热带，在北方生长不良的。

二、花卉播种繁殖技巧

通常说的播种，就是指用花卉的种子来繁殖，这样可以短期内得到大量植株，通过播种生长的苗根系发达，寿命较长，生存能力强。

1. 露地花卉播种繁殖

一般的露地播种方法如下。

（1）播种床的沙质土壤要求：疏松而肥沃、富含腐殖质，环境应保证空气流通、日光充足、排水良好。

（2）整地及施肥。播种床的土壤要求：翻耕30cm深，清除杂物，覆约12cm厚的土壤，配以厩肥或腐熟而细碎的堆肥做基肥，床面平整。播种时配合过磷酸钙促进生长，播种床整平后应进行镇压，然后整平床面。

（3）种子大小不同，覆土深度也不相同。一般大粒种子覆土深度为种子厚度的3倍；小粒种子以不见种子为度，条件允许，可借助0.3cm孔径的筛子。

（4）覆土完成后，均匀覆盖一层稻草，后用细孔喷壶喷水。干旱季节，播种前灌水，水分渗入后再播种覆土，以保持湿润。雨季需要准备防雨设施。种子发芽出土时撤去覆盖物。图5-1所示为露地播种繁殖的报春花。

图 5-1　露地播种繁殖的报春花

2. 盆栽花卉播种繁殖

盆栽一般养在室内，播种期与季节关系不大，一般根据花期而定。

家庭养花

（1）准备播种用盆及用土。浅盆深10cm，砂质土需富含腐殖质。比例如下。

① 细小种子。园土2：河砂3：腐叶土5。

② 中粒种子。河砂2：腐叶土4：园土4。

③ 大粒种子。河砂1：园土4：腐叶土5。

（2）盆底排水孔盖住，填上碎盆片或粗砂砾，占1/3盆深，上面是筛出的粗粒培养土，占1/3厚，最上层放播种用土，占1/3厚。把土面压实刮平，令土面距盆沿1cm。把浅盆浸入水中，但不能淹没，土壤浸湿后，将盆提出，过多的水分渗出后，即可播种。

（3）播种后管理。保持盆土的湿润，幼苗出土后逐渐移于日光照射充足之处。图5-2所示为播种繁殖的盆栽花卉。

图 5-2　播种繁殖的盆栽花卉

三、花卉分生繁殖技巧

花卉种类不同，分生繁殖方式也有差别，主要有两种：一是适用于丛生性强的花灌木和萌蘖力强的宿根花卉的分株法；二是适用于球根类花卉的分球法。

1. 分株法

分株是指把母株根颈的萌芽或走茎切断，分出一个新植株。这种方式易操作，且成活率高，花卉特性也不变。

（1）适宜分株的花卉　多用于萌蘖性强的草本和丛生状花木，诸如一叶兰（图5-3）、观音竹、马蹄莲、鸢尾、萱草、君子兰、美人蕉、天门冬、棕竹、石莲花等，以及球茎、鳞茎类花卉。

（2）分株的时机　春季最佳，秋季也行。有的花卉无季节限制。

（3）分株前的准备　准备一把消过毒的锋利的小刀、新盆与适量培养土、少量硫黄粉或蚊香灰；把培养土用水喷湿（湿润而不结团）。

（4）操作步骤

① 根茎类花卉如兰花、文竹、玉簪、吊兰、马蹄莲等。

图 5-3　分株法繁殖的一叶兰盆栽

首先将要分的花卉从原盆中脱出，抖去泥土。然后用小刀在根茎处垂直切开，切为 3～4 块，每块需带有茎、叶、根，在切口涂上硫黄粉或蚊香灰防腐，分别把它们栽入备好的新盆中。

② 球茎、鳞茎类花卉如郁金香、唐菖蒲、晚香玉、百合等。

花开后，把鳞茎挖出，去土，把小球掰下吹干，储存起来，在适当时间栽培（一般是夏季挖出，冷藏到秋季栽培）。

③ 大型花卉诸如棕竹、银杏等。

从母株上切下部分带芽眼的根，切口处涂上草木灰或硫黄粉防腐，栽入备好的盆中。

（5）分株后的管理

① 根茎类花卉浇透水，置于阴凉通风处，数日后移到太阳下，进入正常管理；

② 球茎、鳞茎类的分球及大型花木类分芽，与扦插管理同。

2. 分球法

一般的球根花卉的地下部分再生能力很强，每年会生出新的小球，这种繁殖比播种繁殖开花早，方法简单。将新产生的块茎、球茎、根茎、鳞茎、块根等，自然分离，另行栽植，就会长成独立的新植株，图 5-4 所示为分球法繁殖的水仙盆栽。

分生繁殖依花卉种类的不同，分生方法及条件也不同，有的在生长季节进行，多数在休眠期或球根采收及栽植前进行。

【知识链接】

哪些花卉适宜分生繁殖

凡是在植物体上能产生新的幼植株体，或者营养器官的某一部分分离另行直接栽植能成为新的植株，都可用分生繁殖。

图 5-4　分球法繁殖的水仙盆栽

（1）宿根花卉　栽培一年或几年后的芍药、荷包牡丹、玉簪、报春花、景天类、一叶兰等许多草本花卉都能发生萌蘖，可将全株分割为数丛。有的只将萌蘖另行栽植，母株不动。

（2）花灌木　牡丹、茉莉、文竹、迎春、蜡梅、玫瑰等木本花卉的母株根际能发生萌蘖，将它们带根分割另行栽植，母株不动。

（3）球根花卉　球根花卉栽培后母株能分出许多子球，如百合、唐菖蒲、郁金香、水仙花、大丽花等。把它们掰开或切开，分别栽种后培育成新植株。风信子也能长出子球，但数量少。

仙客来、大岩桐、球根秋海棠等块茎扁圆形，不能分生小块茎，但可进行切割，分成数块繁殖。

四、花卉扦插繁殖技巧

扦插即插条，剪取花卉的茎、根、叶、芽等，插入土里或浸泡水中，生根后就可栽种，长成新植株，图 5-5 所示为扦插繁殖的栀子花。但是不同的花卉扦插时的条件不一样。

1. 扦插种类

扦插种类有叶插、茎插、根插 3 种，这是根据插穗成熟度和花卉器官的不同进行分类的。此外，依扦插时期、方法的不同，还可分为割裂插、踵状插等。

（1）叶插　能进行叶插的花卉，有着粗壮的叶柄、叶脉或肥厚的叶片。叶插的叶片要发育充实，为了效果，一般在繁殖床内进行。叶插又分为全叶插、片叶插、芽叶插 3 种。

图 5-5 扦插繁殖的栀子花

（2）茎插　地点不限，依季节及种类的不同，为了成活率，可以覆盖塑料棚保温或荫棚遮光。茎插又分为软材扦插、半软材扦插、硬材扦插 3 种。

（3）根插　某些宿根花卉可以从根上产生不定芽形成幼株，这种情况适合根插繁殖。此类花卉根很粗，不小于 2mm，同种花卉根较粗、较长者易成活。早春、晚秋皆可进行，或者秋季掘起母株，储藏根系过冬，来年春季再扦插。

2. 成活关键

为了保证扦插的成活，必须注意以下几个关键性的问题。

（1）插穗的选择和处理　插穗的枝条要健康，嫩枝插的插穗采后立即扦插，多浆植物剪取后放在通风处晾几天，切口干缩后再扦插，为了防止腐烂，可以小火烧烤切口，或在切口处蘸点刚烧的草木灰。

（2）扦插的温度　扦插的温度 20～25℃最佳。温度过低过高都影响生长。因此，如果温度可控，四季均可扦插。自然条件下，最好选择春、秋。

（3）扦插的湿度　扦插基质维持适量湿润状态。而且要保证空气的湿度，如覆盖塑料薄膜，但要通气。

五、花卉嫁接繁殖技巧

花卉的嫁接繁殖即是把一种植物的枝或芽，嫁接到另一种植物的茎或根上，使接在一起的两个部分长成一个完整的植株。这种方法培育的苗木可提早开花，并能保持接穗的优良品质，又是品种复壮、枝条损伤个体的一个补充繁殖法，图 5-6 所示为嫁接繁殖的蟹爪兰。

1. 嫁接方法

常用的嫁接方法有靠接、腹接和劈接。

（1）靠接　多选在早春至生长季前期进行，砧木和接穗都生长在其自身完整植株上，嫁

图 5-6　嫁接繁殖的蟹爪兰

接前将二者移植到能使选作砧木和接穗的枝条相互接触的位置，将砧木、接穗各削一刀，切口的形成层对齐后捆绑。砧木的选择，应注意适应性及抗性，同时能调节树势等优点。

（2）腹接　多用于常绿植物，将接穗下端削成楔形，在砧木距地面 5～10cm 处向斜下方切入，深及砧木直径 1/5～1/4，将接穗插入，使二者一侧的形成层相密接。

（3）劈接　将接穗下端两侧削成相似的切面，使成楔形，由中间切开砧木，插入接穗，二者的形成层有一侧对齐。

2. 成活关键

（1）掌握好嫁接时间。一般应在树液开始流动而芽尚未萌动时进行，枝接多在早春 2～3 月，芽接多在 7～8 月。

（2）接穗与砧木要选择亲缘关系接近，具有亲和力的植物。

（3）砧木宜选生长旺盛的一二年实生苗或一年生扦插苗。若砧木树龄较老，就会影响成活。接穗应选择品质优良、健壮成熟的一年生枝条。

（4）嫁接时注意操作要领。要先削砧木、后削接穗；工具要锋利，切口要平滑；形成层要对准，薄壁细胞要贴紧，接合处要密合，绑缚要松紧合适。

（5）嫁接后要及时检查。对已接活了的植株，应及时解扎缚物，否则幼苗易受勒，影响正常生长。用堆土法嫁接的，发现已萌发新芽，应立即去掉土堆，以免幼芽见不到阳光变黄。

六、花卉压条繁殖技巧

将枝条在适当部位刻伤后，埋入土中或包上基质，给予生根条件，待其生根后，剪离母株，使其成为一个新的植株，叫压条。压条的方法有壅土压条、平压条、波状压条、高空压条等多种方法。

压条是无性繁殖中最简便、最易成活的方法，且开花快，很多木本花卉当年即可开花。

1. 适宜压条的花卉

一些扦插不易生根的花卉可用此法，如月季（图5-7）、桂花、米兰、山茶花、杜鹃、葡萄等。

图 5-7　压条繁殖的月季

2. 压条的时机

最适时机是在冬季花卉处于休眠时或春季，有的秋季也可进行。

3. 压条前的准备

消毒刀片一把，竹叉或铁丝叉数只，苔藓一撮，培养土少许，10cm×15cm塑料布一块。

4. 操作方法

（1）平压法　平压法亦叫壅土压条法，此法适用于植株基部的萌蘖枝条或修长的枝条，如桂花、蜡梅、三角花等。

① 于休眠期，将母株靠近地面10~20cm处进行重剪，促使发生大量新枝，等新枝长到20cm后，在其基部或中间进行刻伤。

② 在母株基部壅土，使刻伤部位埋入土中，或将中部刻伤的枝条弯曲，使其刻伤部位埋入土中，用叉子固定，然后进行正常水肥管理。

③ 第二年春天，挖开壅土，切下已生根的枝条另栽。

（2）高压法　高压法亦叫空中压条，此法适用于较高大、枝条不易弯曲的花卉，如米兰、月季、白兰花、乌饭树（图5-8）、杜鹃、山茶、含笑等。

① 将苔藓与培养土拌匀、喷湿。

② 选取健壮枝条，将其下部皮层环剥一圈。

③ 用备好的苔藓包裹住环剥处，再用塑料布包扎好，然后进入正常管理。

图 5-8　压条繁殖的乌饭树

5. 压条后的管理

（1）平压花卉一般正常管理，保持壅土部位土壤湿润即可。高压花卉要经常注意观察，包裹内水分一旦干了，要从包裹上口加水。

（2）1个月左右，等包裹内环剥口生根后，从包裹下部剪下，除去包裹物，栽入新盆中。

【知识链接】

压条繁殖的经验与窍门

压条成败的关键，在于刻伤与环剥的部位及深度。

（1）位置　须在两芽之间，上芽的下方，下芽的上方约0.3cm处。

（2）深度　深度应恰好达到韧皮部形成层。太深太浅都不行，太深完全切断了导管，上部枝条会死；太浅不易生根。

（3）其他　如果能在刻伤部位涂以植物生长激素，可以促进生根。

七、花卉水培繁殖技巧

水培花卉是利用现代生物工程技术，对植物、花卉驯化，使其能在水中长期生长，是新一代高科技农业项目。水培花卉，上有花香，下有游鱼，干净，美观，环保又省事，所以被称为"懒人花卉"，图5-9所示为水培繁殖的一帆风顺。

图 5-9　水培繁殖的一帆风顺

花卉水培具有以下几种方式。

1. 营养液膜栽培

0.5cm 的浅层营养液流过花卉植物根系，营养液很浅，所以看起来像一层水膜，故有此称。

2. 深液流水培

因为营养液的液层较深，花卉悬于液面上，其重量由定植板所承载，根系垂入营养液中。

3. 雾气培

根系悬在容器中，用喷雾的方法把营养液直接喷到花卉根系上。

4. 瓶插育苗

从母株上截取一段茎或枝条插入水中生根。

5. 土培花卉改水培

对土培的花卉要求：具有较高观赏性，已成形。将根用流动水洗净后，置于器皿内，加入没过根系 1/2～2/3 的清水。最初每天换一次水，清洗跟、器皿，一周后可适当减少，待长出新根且适应环境后，10 天左右换一次水。此法适合家庭、办公室等。

第二节　花卉繁育技巧要点

花卉繁殖就是利用各种方式增加花卉植物的个体数量，以扩大其群体的过程和方法。室内绿化装饰材料涉及的种类繁多、范围广，其繁殖方法也各不相同，对不同花卉适时地应用正确的繁殖方法，不仅可以提高繁殖系数，而且能较快地为室内绿化提供较多的材料。

一、如何采收花卉种子

我国目前栽培的许多种类的花卉种子是品种，不是杂种一代，完全可以自己繁殖，通过正确的方法可以采收到比较优良的种子。从栽培学角度，种子包括所有用来繁殖的材料，不仅包括植物学所说的种子和果实，还包括无性繁殖所用的营养器官。如果栽培的是杂交一代就不能采种做生产用种了。

1. 建立种子田

如果用种量较大，应建立种子田（图 5-10）专门进行采种，并注意隔离。

图 5-10　种子田

2. 选择优良母株采种

选择具有本品种特性的植株，再根据观赏目的定向选择，如选开花早的植株，或抗病的植株，或花大的植株，或某种颜色更纯正的植株等。有的花卉是高度杂合体，如菊花、瓜叶菊等花朵颜色可能受多对基因控制，用种子育苗繁殖的后代将要多代分离，可采用无性的繁殖方法保持。

同一植株先开花的通常比后开花的种子更有价值，如三色堇、金盏菊等。向阳面比背阴面的种子更能表现出母株的特性。

3. 及时采收

一般荚果、蓇葖果、蒴果等容易开裂，造成种子自然脱落。容易脱落的应在清晨采收，如凤仙花、一串红、三色堇、紫茉莉等种子都很容易脱落，应及时采收。睡莲的种子成熟后，在散落到水里之前要用布袋接着。

4. 采后及时处理

将采收的种子或果实及时晾晒、脱粒、过筛，去除杂质，选饱满、有光泽、整齐的种子。放在通风、干燥、低温处储藏。有的种子寿命很短,采后要及时播种。有的果实或种子采收后有一段后熟的时间,如牡丹、芍药、观赏南瓜、观赏葫芦、观赏辣椒、乳茄等。一些木本花卉的种子要沙藏。

5. 多采收种子备用

优良的种子形成不仅与母株和种性有关,也与气候条件密切相关,光照、温度、空气湿度对种子的发育和成熟都有影响。气候条件适宜种子多,质量好。气候异常年份种子质量差,甚至采不到种子,如一串红、瓜叶菊等。多采收种子既可用于灾年,又可在播种育苗阶段出现问题时有足够的种子重播,或支援他人。

如果没有专门进行提纯复壮,大多数花卉品种种植年限越长,混杂退化越严重。对于优良品种,且种子使用年限长的,可多采些种子,以后几年做生产或原种使用,这在花卉栽培上是非常有意义的。

二、组织培养育苗怎样控制环境

环境条件的调控是组织培养育苗的关键措施,一点也不能疏忽大意。

1. 温度

温度应和植物原来生长的温度相一致,培养原产热带的植物控制在 $26\sim27{}^{\circ}\!\mathrm{C}$,培养生长在冷凉地区的植物控制在 $20\sim23{}^{\circ}\!\mathrm{C}$,温度一般控制在 $23\sim27{}^{\circ}\!\mathrm{C}$ 能适应绝大多数的植物生长。多数植物可在恒温下培养,也可变温,夜间比白天低几度,如白天 $25{}^{\circ}\!\mathrm{C}$ 左右,夜间 $15{}^{\circ}\!\mathrm{C}$ 左右,具体因花卉种类而异。还有的需低温处理,如百合、唐菖蒲。有条件的可建立自然光照培养室,自然光照的昼夜温差大,小苗生长健壮。

2. 光照

(1)光照度 茎尖的生长、小苗的继代增殖都需在有光的情况下进行,多数种类控制在 $1000\sim3000\mathrm{lx}$。生根成苗时 $3000\sim6000\mathrm{lx}$,小苗移出之前逐渐增加到 $10000\mathrm{lx}$。

(2)光谱 紫外光和蓝色光能促进芽的分化,红色光对根的形成有利,可在不同阶段用不同的光调控。

(3)光照时间 长日照植物光照时间应在 12h 以上,短日照植物在 12h 以下,图5-11所示为组织培养育苗光照环境。

3. 湿度

在特别干燥的地区或很干燥的季节,应将室内空气相对湿度控制在 $70\%\sim80\%$,避免培养基失水太多,尤其培育生长期较长的木本花卉时更要注意防止培养基干燥。

4. 气体

无糖培养基中,二氧化碳做碳源,减少了微生物污染,以便植株更好的生长。但容器内二氧化碳不足以满足幼苗生长,所以需要人为输入。某些培养的植物幼体可产生乙烯,如果在密封的瓶内,要进行处理,以免危害到植株本身。

图 5-11　组织培养育苗光照环境

三、花卉移苗应注意什么

花卉移苗也叫分苗，它是育苗的重要环节。通过移苗可以扩大花苗的营养面积，促进花苗的生长，降低育苗成本，促进某些花苗侧根的生长，降低苗的高度，减少猝倒病的蔓延，还有利于定植后缓苗，图 5-12 所示为移苗后的花卉。但移苗后有一段缓苗时间，增加了育苗天数。在移苗时应注意以下问题。

图 5-12　移苗后的花卉

1. 移苗的容器或地点

应根据育苗的目的和生产条件确定。第 1 次移苗或用生长量较小的苗定植时，可在穴盘里移苗。用大苗定植选用塑料育苗钵移苗，或在苗床上开沟移苗。草本花卉提倡用塑料育苗钵移苗。大量生产的木本花卉的苗木一般在苗床开沟移苗比较适宜。家庭繁殖少量的花苗应在容器里移苗。

2. 移苗次数

育苗时间短的草本花卉提倡只移苗 1～2 次,育苗时间长的木本花木的苗木移苗 2～3 次。育苗时间长的多年生草本花卉盆栽可多次移苗。应当指出,生产上一般把定植前的花卉叫秧苗或苗木,定植后的叫植株,但在室内盆栽花卉时,多年生的花卉往往需多次换大一号的盆移植,如君子兰、鹤望兰和众多的木本花卉,所以苗和植株并无确切分界线。

3. 移苗时间

什么时候移苗比较合适?原则上说应在将要影响花苗生长的时候为宜,早了增加育苗成本,晚了影响苗的生长,所以一般在叶片刚互相遮阴时移苗。但在大量育苗时,不可能都选在最适宜的时间进行,可提前一些,不要都等到该移苗时才进行,移苗晚的则生长受抑制。在移苗时还要考虑到花芽的分化,如果移苗的条件不好,移苗后缓苗严重,影响花芽的质量,最好避开花芽分化期。

除了最重要的花卉外,许多花卉不同于粮食、蔬菜、水果等作物研究的那么深入而广泛,花卉在苗期什么时候花芽分化,外界各种环境条件对花芽分化有什么影响等,所见报道的资料比较少。总之,创造好的移苗条件,移苗后很快缓苗,就不会给花芽的分化生长造成大的不良影响。

4. 移苗方法

当苗较小时进行分苗,草本花卉的胚茎很脆嫩,应手握子叶,不宜握胚茎,若不小心容易使胚茎受伤,当然握子叶也要轻拿轻放。起苗时要认真淘汰病苗、锈根苗、畸形苗、无生长点的苗等,杂交一代种子最容易育出无生长点的苗。如果幼苗不整齐,应将大小苗分别移植。

起苗后应尽快移栽,否则要遮阴,用湿布盖上。将穴盘的苗移出前 1～2 天不要浇水,以免根系四周营养土散开伤根。而从苗床起苗的则相反,要提前 4～6h 浇水,然后割坨。

移苗深浅要适当,第 1 次移苗时以子叶露出土面 1～2cm 为宜。如果子苗徒长,可深栽,或打弯将下胚茎(胚轴)埋入土中。移苗后要将温度提高到最适宜的范围,并增加空气湿度以利缓苗。

四、穴盘育苗及注意事项

穴盘育苗的开发与研究始于 1971 年,我国近几年大量用于蔬菜和花卉商品育苗。用穴盘育苗是一项新技术。穴盘(图 5-13)是分格的,播种时 1 穴 1 粒,分苗时 1 穴 1 株。通过大量生产实践证明,它与常规育苗相比有以下优点。

1. 便于手工操作

可在温室内,往穴盘里播种或分苗,然后放在温室里。

2. 节省育苗场地,降低成本

用穴盘播种,让小苗在穴盘里生长,长大后再移入育苗钵、或开沟分苗、或定植,这样

图 5-13　育苗的穴盘

占地少，尤其适于在早春温度低时培育小苗，外界温度升高后再移入其他保护地培育成苗，可减少加温费用。如果不用较大的苗定植，可直接用穴盘苗栽培。

3. 有效遏制土壤病害蔓延

由于播种时 1 穴 1 粒，分苗时 1 穴 1 株，互相间被隔开，土壤病害不能传染蔓延。

4. 不用缓苗或缓苗期短

穴盘苗移入较大的容器或苗床里培育大的秧苗时不缓苗，成苗率高。直接用穴盘苗定植，只要露地气候条件不十分恶劣，缓苗期短。

5. 运输方便

在运输车里穴盘可以立体多层摆放，非常适宜远距离运输。从播种室运到成苗室，或把穴盘苗从高温处移到低温处、从相对弱光处移到强光处，或从育苗室运到耕地里定植都很方便。

培育生长量较小的苗用穴盘，培育生长量较大的苗用育苗钵或在苗床开沟培育。穴盘苗小，抗性弱，大地条件恶劣的最好不用穴盘苗，图 5-14 所示为穴盘孕育的花卉种苗。

图 5-14　穴盘孕育的花卉种苗

我国现在许多厂家生产穴盘，从国外进口的也不少。在选择时应注意以下几点。

（1）穴盘的穴数　现在生产的穴盘有 32 穴、40 穴、50 穴、72 穴、128 穴、200 穴、288 穴、406 穴等不同的穴数，国外还生产更多穴数的。根据育苗的目的选购，如果在穴盘上播种，可首选 200 穴或 288 穴的；如果用穴盘培育成苗，培育生长量较大的苗选 32 穴、40 穴、50 穴的；培育生长量中等程度秧苗，或做第 1 次移苗的选 72 穴、128 穴的。

（2）穴盘的穴格深浅　穴格深浅是指穴格的高度，目前在 2.3～6cm 不等。穴格越深，装的营养土越多，排水能力越好，排除盐类累积的能力越强，越有助于根系的生长。因此，穴格较深的保水量及通气性较好，对水分的变化缓冲能力强，穴格小并且较浅的因其含水量少，浇水量与浇水次数不易掌控。在穴数相同的前提下，还是用穴格较深的好。

（3）穴盘的穴格形状　穴格有圆形、方形、星形、倒角锥形等。对不同花卉秧苗生育的影响因种类不同而有所差异，目前看法并不一致。一般认为穴格方形比圆形的好，因为在相同穴格数目的穴盘中，方形穴格比圆形穴格的体积大，装的营养土或基质多，方形穴格的顶端较为倾斜，水分的利用较经济，根分布较均匀。圆形穴格的根系盘结情况较重，定植后的生长不如方形的好，所以可优先选方形的。

五、用容器进行花卉育苗

使用容器育苗具有很好的护根效果，在起苗、运苗和定植过程中根系很少受损，定植后缓苗快，甚至不用缓苗。在育苗的过程中可随意移动到低温或高温处，管理方便。在花卉整个育苗过程中或育苗的某一阶段都可以使用容器。花卉采用容器育苗的越来越多了，图 5-15 所示为容器育苗竹柳，现在除了使用穴盘外，播种多用育苗盘，成苗多用塑料育苗钵，在使用容器育苗时应注意以下问题。

图 5-15　容器育苗竹柳

1. 容器的大小

容器大小对花苗的生长量和发育程度有很大的影响。容器大，花苗之间的距离大，光照条件明显改善，在密集育苗时二氧化碳相对充足。容器内的土壤量增加，可供的矿质营养增加，水分相对充足，从而促进了花苗的生长。容器大小的选定取决于培育花苗的生长量的大小和花卉种类。

一般来说，如果培育已经出现大蕾的秧苗，大多数种类花卉应用上口直径为8～9cm的容器比较合适。如果培育一串红的第1个花序已充分盛开，万寿菊的第1朵花的直径4cm以上，矮牵牛有6～8个分枝并且已经开了多朵花，容器的上口直径应为12～15cm。大丽花、美人蕉提前育苗，定植时株高达到30cm左右，一般当用直径12～15cm的容器。但培育小苗时不宜用大的容器，不仅是浪费，而且在早春育苗时反而不如适当的小容器生长的快。

2. 容器的高度

容器的高度是指各种容器的垂直高度。用高度10cm以下的容器培育大苗时，从育苗效果看应选比较高的，尤其根系多向下生长的。一般来说，高度低于10cm是不足取的。原因是容器高的在上口直径相同的情况下多装营养土，使矿质营养和水分供应相对充足，从而促进花苗生长。

3. 营养土

用容器育苗比在苗床开沟分苗的对营养土的要求严格，这是因为容器限制了根的生长，容器里的营养土对水分的缓冲能力差，从地下很少得到水分，浇水次数多，容易使容器里的土壤板结。因此用容器育苗时要用特别疏松的营养土。

4. 水分和温度的控制

由于育苗早或其他原因不能出售或定植，而花苗已经很大时，需控制它们的生长。可提前降低温度，白天和晚上都让花苗在较低的温度下生长，以抑制花苗的生长发育，不能过分控制水分，否则用容器培育的花苗容易老化，对以后的生长非常不利。

六、如何掌握扦插深度

扦插的深度要适当，扦插过深，会使插条基部切口附近通气不良，容易引起腐烂，而且生根迟缓，相反，扦插过浅，又容易受干旱影响。

枝插的扦插深度随插条大小和插床条件而异，但一般深度可以考虑为插条长度的1/3～2/3左右，只要不是特别大的插条，深度应尽量控制在3～15cm的范围内。大型插条的深层扦插，插条基部可以深入到50cm以下的土层，至于埋干、埋条，也可以深插或全部埋入，不过，只要没有干旱影响，就没有必要深插。在室内水分、湿度能够充分保证的条件下，一般只需插至插条长度的1/3深度，在采用喷雾灌水时，容易出现过湿，应特别注意浅插。在容易干旱的插床进行落叶树休眠枝扦插，或无花果等不耐旱的休眠枝扦插时，都应当深插，其深度为插条长度的2/3左右。

生根困难的松类在用短插条进行扦插时，应严格选择排水通气良好的插床，只将顶芽和叶露出地面，其深度大致同插条长度相等。除松类外的其他短插条，在容易干旱的条件下，扦插深度也应不少于穗长的1/2。但是，嫩枝扦插或草本类扦插，一般插条较短而且柔嫩，容易腐烂，应加强水分管理，防止干旱，并进行浅插。其他耐旱性强但容易腐烂的仙人掌类等肉质植物，只要在不倒斜的前提下，应尽量浅插。

叶芽插或叶插，一般可将叶的下部插入 1/3 左右，或只将叶柄略微倾斜地浅插，但景天属等肉质植物的叶插以及毛叶秋海棠的全叶插，则需将叶横放在床面上。单芽插条，可整个浅埋在土中，或只将芽露出床面。

根插的种根一般不要露出床面，即使垂直扦插，也应以上端在床面隐约可见为度。

七、如何判断插穗长根

发根往往是扦插后的第一步，但要如何判定扦插的枝条是不是发根了？新手常常在好奇心的驱使下天天看一回，每次把枝条拉起来，检查插穗是否长根了。其实这是造成扦插失败的原因之一，因为当插穗被拉起，许多细微的根在肉眼还不可察的阶段时，就失去了原本可能再生的机会，图 5-16 所示为插穗长根的海芋。可通过以下现象，由外观判定插穗是否已经发根。

图 5-16　插穗长根的海芋

1. 枝条是否恢复元气

扦插的前 2 周为最关键的时刻，切记勿轻易移动扦插的枝条，或变换插穗置放的地点。插穗上的叶片如能保持 2 周的鲜绿，即表示枝条充分吸水。如果没发生严重脱水或枯萎，大多数植物经过 2 周的特别照护能长根。长根的第一个现象，可从枝条上的叶片是否恢复挺立及鲜绿来判定。

2. 新叶与新芽是否开始萌发

在温度、湿度适宜，不失水的环境下，枝条长根后会伴随着新芽的萌动和新叶的展开。除了少数植物如春天插的玫瑰外，大多数植物只要萌发新芽及展开新叶，都隐含了枝条已经长根的信息。因玫瑰在春季扦插的话，侧芽会比根部萌发得快，从而产生一种发根的假象，但因新生芽没有根部吸水功能的支持，原以为成活的玫瑰枝条会迅速枯萎而导致扦插失败。

3. 根是否萌发

多数草本和香草植物在适宜环境下会生长迅速，仔细观察其枝条与介质接触的部分，会看到许多萌发的根。有些含大量根原体的植物，即便是未插入到介质中的枝条部分，都会有根萌发的情形，这都表示扦插已经成功。

但有些生长较慢的植物，一般以木本植物为多，只要枝条不失水、没有枯萎都有机会再生新根。为了确定插穗的发根状况，可以轻轻地拨开局部介质，或用竹筷、镊子等工具协助挖取插穗。要避免直接拔取插穗，以不伤害插穗的方式检查其是否发根。

八、花卉水插生根法

利用扦插繁殖，产量大，材料足，成苗快、开花早，操作简单，并且不改变品种特性。

而水插生根法的优点不止如此，还有其他优点。比如：通风透气好、水分充足、水温昼夜温差小以便生根、省时、省力、管理简便、卫生，图5-17所示为水插生根的绿植。

图5-17　水插生根的绿植

现将花卉水插生根繁殖方法介绍如下。

（1）利用烧杯、广口瓶、罐头瓶、水杯等口径较大的容器进行扦插　剪10cm长、有2～4个节、健康的枝条插入装满水的容器中。生根过程中保持水质清洁，若枝条伤口流出汁液，在阴凉处晾一晾再插。

（2）利用大盆、玻璃缸、水池、池塘等在水面上进行扦插　在泡沫板上按一定行距和株距打3cm左右的圆孔，把剪好的枝条逐个插入圆孔中，让它们漂在水面上即可。

水插生根法适合许多花卉，主要有：花叶万年青、栀子花、仙人掌、四季海棠、茉莉花、绣球、印度橡皮树、月季、夜来香、龟背竹、常春藤、夹竹桃、倒挂金钟、吊兰、芦荟、一品红、菊花等。

第六章　家庭花卉绿植选择与摆放一点通

我们根据个人的喜好和空间特点，合理选择绿植及配置，对我们的居室空间进行美化，使我们的家给人以生机盎然和回归自然的感受，这种有生命气息的花卉绿植是其他装饰品所不能替代的。本章将告诉您如何家庭花卉的选择、摆放基本技巧，让您学会合理选择、科学布置，让您的居室绿意盎然；既可增加和谐的气氛，又有益于家人身心健康。

第一节　家庭居室花卉绿植装饰设计

为突出植物花卉的配置效果，令植物与室内环境相辅相成，达到美的效果，我们要注意家庭居室花卉绿植装饰设计的一些基本方法与技巧。本节我们将从室内装饰植物绿化的作用、原则、布置或装饰方法、风格设计以及绿化布局等方面作出详细分析，让您对家庭居室花卉绿植装饰设计有一个基本认识。

一、花卉绿植装饰必知的原则

居室绿化（图 6-1）与花卉装饰的基本原则主要有 3 条，即科学性原则、艺术性原则和文化性原则。我们认识了解这些原则，对于日常生活中家庭花卉绿植的合理设计摆放有一定的指导意义。

1. 室内花卉装饰的科学性原则

室内花卉装饰的科学性原则体现在下述 3 个方面。

（1）辨明花木观赏姿态　不同姿态的花卉植物给人以不同的感觉，因此，在进行室内花卉装饰时应充分利用不同的植物姿态。

（2）选定花木观赏部位　有些植物的枝干具有极高的观赏价值，有些植物的花形奇特，有些植物的叶片富有特色，还有一些植物的果实极富观赏价值，要根据特定需要进行选择。

图 6-1　居室绿化

（3）掌握花卉植物对居室环境的适应性　家庭居室环境的特点如下。

① 居室的温度比较稳定，温差小，夏季比室外低 4～6℃，冬季则高 2～4℃，春秋两季与户外接近，但室内昼夜温差却显著地比外界小，尤其是夏季差别更小；

② 湿度较低，因室内不受外界各种降水条件影响，所以一般湿度较室外低；

③ 光照多为散射光及人工光照，缺乏太阳光的直接照射，二氧化碳的浓度与室外相比也显得高些。

图 6-2 所示为合理的绿化装饰让居室更高雅。

图 6-2　合理的绿化装饰让居室更高雅

另外，每一种花卉植物都有它各自的生态习性和栽培特点，突出表现在对光线、水肥、湿度和温度的要求、修剪的要求和休眠期管理上的要求。例如木槿、月季、黄杨、灰莉、金橘和夹竹桃等喜阳光、温暖湿润；孔雀竹芋喜高温高湿，忌阳光直射；玉簪喜蔽荫湿润的环境，忌强光等。所以要根据花卉植物各自的习性和居室环境特点加以选用。

因此，在进行居室植物造景时必须遵循科学性原则，使得居室植物造景能达到姿态最佳，观赏价值最高，并使植物在最有利于其生长的条件下生长。

2. 室内花卉装饰的艺术性原则

室内花卉装饰的艺术性原则体现在下述 5 个方面。

（1）强调性　突出植物主景的效果（图 6-3）。

图 6-3　室内强调性的绿植盆栽

（2）稳定性　居室内的花卉装饰，重心要稳定，增加安全感。

（3）协调性　对比、调和使景观丰富多彩，生动活泼，又能突出主题。

协调性不仅是室内植物造景与室内空间高度、宽度及室内陈设物的多少、体量的协调，也是色彩与人、与环境功能的协调。

（4）适应性　房间布置方法与功能相适应。

（5）主人的个性　花卉植物的象征意义要结合居室主人的性格特点，选择与其适应的花卉，借花咏志、寄情于花。图 6-4 所示为展现主人个性的绿植。

除此之外，居室绿化植物的选择和布置应结合主人的工作和生活习惯。

3. 室内花卉装饰的文化性原则

不同的花卉植物有不同的文化内涵，如桑和梓表示家乡，桃花在民间象征幸福、好运，梅花表示坚贞，菊花象征高洁，牡丹表示富贵，丁香花表示谦逊，荷花表示纯洁等。

在居室内进行室内植物造景时，也应考虑不同花卉的文化内涵，针对主人的性格、兴趣与爱好选择相应的花卉植物。

家庭养花

图 6-4　展现主人个性的绿植

【知识链接】

室内绿化的色彩搭配

在植物色彩与环境色彩搭配时，应该是用植物色彩去适应环境色彩，因为植物可以调整变化，而环境色彩一般来说是一成不变的，所以应该把握住这一点，而且如果在环境色彩较丰富时，植物色彩要力求简洁，而环境色彩较单一时，可以适当地用丰富的植物色彩加以补充。另外，当室内光线较明快时，植物色彩可以暗一些，而光线不足时，应该用一些色彩较淡的植物来布置。

二、花卉绿植与居室的协调统一

室内植物的装饰要有艺术感，要给人以美的享受。所以，在配置时除了要考虑植物本身在室内装饰的效果，还要注意植物与室内其他因素的协调性，从视觉扩展和延伸，可创造出预期的格调和环境氛围。

1. 与室内环境相协调

装饰前，观察室内空间大小、家具式样、装修风格等因素。

2. 与居室功能相协调

居室内每个房间功能一般不同，装饰也不能相同。例如，客厅是门面，是接待客人的场所，应布置得美观大方，可选择散尾葵、橡皮树等，置于客厅一角；而卧室，应选秀丽优美的中小型植物，温馨且宁静（图 6-5）。

图 6-5　宁静自然的室内绿化

3. 选择视线最佳位置摆放

视线最佳位置摆放植物，可以让人保持好的心情。例如在卧室的窗台上放盆观花植物，每天清晨会先看到它，就能拥有好心情。如果房间宽敞，可以选择组合盆栽，高低错落的摆放方式永远是视觉焦点。

4. 选择合适的种植容器

市场上的花盆种类很多，有彩釉盆、瓷盆、塑料盆、素烧盆、紫砂盆、木盆（图 6-6）和藤编盆等。花盆的大小、样式和色彩要和盆内植物、室内环境、摆放位置相协调。例如苏

图 6-6　室内木制花盆

家庭养花

110

铁、橡皮树等用瓷质的花盆，文竹用紫砂盆等；儿童居室的小型盆栽用卡通花盆，增加趣味；如果室内环境是浅色调的，花盆不宜选深色的；如果室内环境是深色调的，花盆也选深色的；如果家具是红木的，选瓷质花盆；家具是淡色的高密板等，选塑料盆和竹编套盆。

三、家庭居室绿化常见方案

室内绿化设计在不同场所均有不同的要求，应根据不同的任务、目的和作用，采取不同的布置方式。

1. 重点装饰与边角点缀

重点装饰是许多厅、堂常采用的布置方式，如在厅堂中央植树，摆放组合式花坛，使其成为视觉焦点。

边角点缀不仅可以充分利用剩余空间，也能有效改变某些死角空间的形象，方式多种多样，如在沙发形成的转角处，靠近角隅的桌柜旁，楼梯拐角处，柱角边等部位。这种方式介于重点装饰与边角点缀，重要性次于重点装饰而高于边角点缀。

2. 结合家具、陈设等布置绿化

室内绿化除了单独落地布置外，还可与陈设、家具、灯具等室内物件结合布置，形成综合性的艺术陈设。

3. 组成背景，形成对比

绿化设计的另一作用是以其独特的形、色、质成片布置，组成背景，形成对比，不论是铺地还是屏障，均可置于室内许多地方。例如大门入口处、墙体边、电梯两侧等。

4. 垂直绿化

像攀缘、藤萝类植物攀附于墙体或柱子，或是通过天棚采用垂直悬吊的方式生长的植物可放置于墙体支架、隔板上组成垂直绿化面。垂直绿化既能充分利用空间，形成绿色立体环境，增加绿化的体量和氛围，还能产生似隔非隔、似断非断的美妙空间，图6-7所示为室内垂直绿化。

5. 沿窗、阳台布置绿化

靠窗布置绿化，不但植物日照充足，室内景观也很漂亮，如在窗台边置花槽，将植物单植或列植于花槽内。在落地窗前或阳台上也可以各种方式绿化，使内外空间保持连续性。

四、花卉植物与居室协调布置方法

花卉植物的布局必须和家庭室内的整体风格和谐统一。植物摆放的位置和植物之间的搭配与室内空间的大小、功能、家具的布置有着很密切的关系，可以采用点、线、面等不同布置方式，起到丰富室内空间、增强景观效果等作用。

图 6-7　室内垂直绿化

1. 点状分布

点状分布（图 6-8）就是独立设置的盆栽，主要有乔木或灌木，它们往往是室内的景观重点，具有很好的观赏价值和装饰效果。

图 6-8　室内点状分布绿化

由于家庭住宅的房间一般面积不会太大，所以室内植物多采用点状布置，即在房间的角落、墙边、楼梯下和拐角单独摆放，或在餐桌、茶几、电视柜、写字台、梳妆台等家具的台面上放置，摆放点状植物绿化要重点突出，观赏植物从外观、色彩、质地等方面要精心选择，不要在它们周围堆砌与它们高低、形态、色彩类似的物品，要与周围的家具、陈设有明显的对比，从而使点状绿化更加醒目，形成较为突出的视觉中心，体现装饰植物的观赏效果。比如放在墙角的盆栽可以装点剩余空间，避免在室内形成死角；摆在餐桌、茶几上的插花或盆花能构成人们视角的焦点。

2. 线状分布

线状分布指的是吊兰之类的花草，可以是悬吊在空中或放置在组合柜顶端角处，与地面植物产生呼应关系。这种植物形成了线的节奏韵律，与隔板、橱柜以及组合柜的直线相对比，产生了一种自然美和动态美。

线状分布主要安排在狭长的空间当中，如过道一侧，楼梯扶手或踏步上，让植物排列形成的线形和空间的形态相协调。用线状分布的植物还可起分隔空间的作用，既可以在地面放置一排盆栽，也可以在室内悬挂一行吊盆，都是有效而优美的办法。

3. 面状分布

面状分布（图 6-9）是指在室内空间较大的情况下，如果家具陈设比较精巧细致，就可利用大的观叶植物形成块状面进行对比，来弥补由于家具精巧带来的单薄，同时还可以增强室内陈设的厚重感。

图 6-9　室内面状分布绿化装饰

居室中若有足够的空间可以成片地集中布置，则可利用阳台、客厅一隅，采用室外庭院的设计手法，在有限的空间里巧妙安排，将大、中、小型植物组合搭配，形成小型丛林，再加上水景、雕塑、置石等园林小品的合理布置，构成小巧的室内花园，使人们在家里就能享受到庭院的乐趣。

面积较大的客厅可沿房间四周进行环绕式布置，可以使客厅显得满目春色；面积较小的居室可选用中小型观赏植物点状装饰，利用家具、地面，点缀或悬挂的方式巧妙摆放，也可使室内空间显得充实、饱满、环境优雅宜人。但一般情况下，房间内的装饰植物所占的面积不宜超过房间总面积的1/10。

五、花卉绿植立体交叉摆放方法

立体交叉装饰方法是指将摆放、悬挂、壁挂、攀缘、镶嵌等具体手法融成一体的装饰方法。

1. 摆放式

摆放式（图6-10）就是摆在台面上供人欣赏。这种装饰方式搬运方便、布置灵活，是应用最广泛、最常见的形式。同时也便于管理，但在运用时应注意几点。

图6-10　室内摆放式绿化装饰

（1）盆花的大小、花期、花色、高矮品种、容器盆体都应有所变化，不能千篇一律。

（2）应根据盆花体量的大小，分布于室内，一般大盆置于地面、居室角落，小盆置于窗台、几案、柜架上，这样才能达到错落有致，层次丰富和均衡稳定的效果。

（3）在数量上不宜过多或过少，数量的多少取决于室内空间的大小，要根据实际情况而定。

2. 悬挂式

悬挂式就是将枝条较柔软或蔓性、匍匐性的悬垂植物栽植于有培养基的吊盆、吊篮中，然后吊挂于窗口、墙角或厅堂，枝条花叶自然下垂，悬空飘曳。这种手法为房间增添了一种立体绿化的空间装饰美，有较好的欣赏视角。图6-11所示为阳台悬挂的吊盆花卉。

3. 壁挂式

壁挂式（图6-12）的主要形式有立体式壁挂、镜框式壁挂、插花式壁挂等。立体壁挂的植株一般小巧玲珑、较耐阴，以观叶花卉为主，如冷水、紫鹅绒、翡翠珠等玲珑秀美的矮小植物，宜栽入容器中，钉挂于墙面或柱面上。

图 6-11　阳台悬挂的吊盆花卉

图 6-12　室内壁挂式绿化装饰

4. 攀缘式

攀缘式就是将常文竹、龙吐珠等攀缘植物种在槽内，摆在客厅墙角或门、窗周围，或软隔断上，并架好攀缘架，使植株枝蔓沿架攀附生长，形成布满墙面的绿色屏帘，为居室增添一片绿茵环境。如图 6-13 所示为攀援的龙吐珠。

5. 镶嵌式

镶嵌式是在墙壁、门柱等垂直处镶嵌上特制的半圆形、三角形或花瓶式等自制的容器。这些容器都是镶嵌在墙面预留的位置上的，内有轻质培养基质，再栽植植物，最好选用茂密、下垂、横向展开，或有气生根、带有卷须的植物，效果很好，特别漂亮。

图 6-13　攀援的龙吐珠

第二节　居家空间花卉绿植的选择

居室装饰花卉绿植的选择应和居室不同部分的功能相协调,如客厅中可布置大、中型植物来显示气派和富丽堂皇;卧室应选择小巧、雅致的植物来营造安逸舒适的氛围;餐厅、儿童房可以安排色彩鲜艳的植物来活跃气氛。

一、客厅装饰花卉绿植的选择

客厅是家庭中最常放置植物的空间,最具视觉效果,最昂贵的植物都应该放置于此。客厅中的植物主要用来装饰家具,以高低错落的自然状态来协调家具单调的直线状态,图 6-14所示为客厅绿化装饰。

图 6-14　客厅绿化装饰

客厅配置植物,首先应着眼于装饰美,数量不宜多,太多不仅杂乱,而且对植物生长不利。植物的选择须注意大小的搭配。此外,室内的植物应靠边放置,以便于人们走动。

家庭养花

1. 客厅的功能特点

客厅的主要功能是会客，同时也是家人相聚和交流感情的场所，一般是居室中装饰的重点，其植物装饰也反映出主人的生活品位和热情好客的性格。客厅中陈设的植物要能显示端庄大方、优雅舒适的特点，所以客厅宜选择文雅洒脱、色泽浓郁或具有暖色调的植物，如观叶的橡皮树、观音竹、龟背竹；观花的君子兰、报春花、金苞花等，还可以选用一些富有寓意的植物，如仙客来表示贵客临门，五针松表示迎客等。

2. 客厅不同风格的特点

客厅的装饰根据主人的品位、个性和爱好不同有多种风格，也应选择相应的花卉绿植与之相适应。如是古朴典雅的风格，应选择树桩盆景为主景，在屋角放置一盆高大直立、冠顶展开的巴西铁、朱蕉等，再在矮几上放置一盆万年青，在茶几上放一瓶插花；如是豪华气派的风格，可选用叶片较大、株形较高大的橡皮树、棕榈等，在客厅墙壁或隔板上放一盆藤蔓植物，让枝叶悬挂飘然而下，给整个客厅一种"粗中有细，柔中带刚"的感觉；而对于浪漫情怀的风格，可选择一些藤蔓植物，如常春藤和细叶兰草等植物。

另外，沿客厅墙边布置一盆千年木、万年青等，可以令气氛更加轻松、自然。

3. 客厅不同朝向的特点

客厅的朝向一般是向南，光线在整套居室中应当是最佳的，故可选择一些较喜光的植物，赏花植物如仙客来、报春花、瓜叶菊等，能在室内摆放达 20 天之久。

南窗客厅是一天中光照时间最长（有 5h 以上的阳光光照）、光照最充足的地方。大多数观花植物及彩叶植物可以栽培，如茶花、杜鹃、孤挺花、龙吐珠、君子兰、三角梅、长春花、米兰、圣诞花、天竺葵、红桑、美花类仙人掌等。

东窗或西窗客厅，前者在早晨有 3～4 小时不太强烈的光照，这种光照对植物生长有利；后者的阳光光照时间与前者差不多，但下午的西晒日照对植物有害。东窗或西窗客厅通常可以栽植菖蒲、凤梨类、海芋、仙客来、文竹、竹芋、秋海棠、花叶芋、大岩桐、瓜畦三七、报春花、非洲紫罗兰、瓶耳草、蟹爪兰、银桦、乌巢蕨、仙人掌、网纹草等。

4. 客厅面积大小不同的特点

客厅的观赏植物在数量上可以比其他房间多一些，在体积上也可大一些。面积较大的客厅，可以摆放大中型观叶植物，如散尾葵、发财树、鹅掌柴、南洋杉、棕竹等作为视觉焦点，也可以在大中型盆栽花卉绿植布置中配以小型盆栽植物，如冷水花、天门冬、吊竹梅、常春藤一起立体配置，形成客厅的观赏主景。面积不太大的客厅则不宜放置大型的观叶植物，应以小型的盆栽、插花和悬垂植物为主进行立体配置，使人充分领略到客厅内自然景观的风采。

二、餐厅装饰花卉绿植的选择

除了客厅以外，餐厅也是家居活动中重要的聚会场所。因此，餐厅的植物陈设既要美观，又要实用，不可信手拈来，随意堆砌。各类装饰用品因餐厅环境不同而不同，应配置一些开放着艳丽花朵的盆栽，如秋海棠和圣诞花等，可以增添欢乐的气氛。也可将富于色彩变化的吊篮植物置于木质的分隔柜上，以把餐厅与其他功能区域分隔开来，图 6-15 所示为餐厅装饰花卉。

图 6-15　餐厅装饰花卉

1. 餐厅植物装饰的目的

餐厅的植物装饰主要是为了创造一个温馨、愉快的进餐和交流氛围，观赏植物放置在餐厅中不仅可以美化环境，而且还能增进食欲。所以选择植物要求表面清洁无病斑，种类较为丰富。餐桌上以摆放观花植物为好，尤以精美的插花最佳。

2. 餐厅功能的特殊要求

餐厅植物装饰的目的要达到观花能思食，因此容易落叶的植物，如羊齿类应尽量少用；花粉多的植物如百合等也应谨慎使用，避免影响进食；香味过于浓郁的花木也不宜选用，如风信子等，过浓的香气会掩盖菜肴的气味，影响食欲。

另外，餐桌上植物的体积要适中，不能影响视线，除插花外，宜选择非洲堇、矮生仙客来、四季秋海棠、椒草等小型盆栽。

3. 餐厅位置的特殊要求

如果餐厅和客厅是相连的，则在餐厅和客厅中间可以摆放大、中型观叶植物，如散尾葵、橡皮树、垂叶榕等，线形布置中型盆栽，如一叶兰、瓜叶菊、一品红等，或使用攀缘植物，如常春藤、绿萝等，在花格上用攀爬形成的植物屏风来进行分隔，使餐厅在视觉上独立出来了。

三、卧室装饰花卉绿植的选择

人们待在卧室的时间大多都是在晚上，所以像芦荟、虎尾兰这种晚上能吸收二氧化碳并呼出新鲜氧气的植物是卧室装饰花卉的最佳选择，而且卧室一般家具较多，所以选择花卉绿植时也得考虑其杀菌消毒的效果，图 6-16 所示为卧室装饰植物。

图 6-16　卧室装饰植物

1. 卧室功能特点的要求

有利于睡眠是卧室植物绿化的基本要求，应通过绿色植物创造一个静谧、安逸的氛围，所以不能选择香味浓郁、色彩艳丽和枝叶过于高大的花木，否则会刺激人的大脑皮层，使人兴奋，从而影响正常睡眠。为此，宜放置纤巧优美、色彩淡雅的观赏植物，如文竹、吊兰、肾蕨、铁线蕨等。

适当地布置一些清淡芳香植物也是理想的选择，如菊花可以治疗头痛；茉莉可以减轻暑热；桂花可平喘、止咳；香叶天竺葵有镇静作用，可以改善睡眠，治疗神经衰弱。芳香植物分泌的芳香油含多种杀菌物质，对人体健康非常有益，还能促进人心悦平和，有利睡眠。艾草是具有安神助眠功效的植物，一盆艾草放在床头或者卧室的梳妆台前，点缀绿意的同时更散发出安眠的气息，让主人每晚都能香甜一觉。

英国南安普顿大学的研究发现，对于轻度失眠的人，尤其是女性，薰衣草更能促使她们入眠。把薰衣草的干花瓣撒到床边，也能起到同样的作用。

2. 卧室主人年龄层次的要求

卧室还应根据主人的不同年龄层次选择不同的花卉绿植。老年人的卧室应具有沉稳安详的特点，可选择颜色清新淡雅的盆栽和盆景，还可选用一些具有良好寓意的传统观赏植物，如松、竹、梅、兰等，体现出老年人的生活品位。有的花卉不仅可以观赏，还可以起到一定的保健作用，非常适合老年人种植。

不同体质的老年人应选择合适的花卉种植。人参比较适合气虚体弱、患有慢性疾病的老年人种植。人参每年可观赏三季，其根、叶、花、种子都可入药，对强身健体、调理机能有一定作用。百合花适合患有肺结核的老年人种植。因为百合花鳞茎与花既可以食用，也可以入药，有镇咳、平惊、润肺之用。金银花、小菊花适合患有高血压、利尿不畅的老年人种植。这两种花可填装在枕头内，也可冲花泡饮，有消热解毒、降压清脑、平肝明目的作用。仙人掌种植方便，不必花费太多时间与精力，而且药性寒苦，可舒筋活血，滋补健胃。米兰和茉莉的花叶翠绿，花香袭人，是大部分老年人较为喜欢的花卉，它们可用来泡香茶。米兰的枝叶可以治跌打损伤，茉莉的花叶入药可治感冒、肠炎等。

青年人的卧室讲究浪漫情调，可以选择颜色鲜亮的观叶植物和清新淡雅的观花植物，如散尾葵、袖珍椰子、蝴蝶兰等，结合新颖的植栽容器突出年轻开放的特点，图6-17所示为年轻人卧室装饰花卉。

图 6-17　年轻人卧室装饰花卉

儿童卧室色彩可以适当地鲜艳明快一些，如彩叶草、花叶芋、秋海棠等，也可选择叶形奇特、习性特殊的植物，如竹芋、安祖花、合果芋、猪笼草等植物，有利于启迪儿童思维的能力，又可给环境增添欢乐的气氛。但是为了安全，儿童卧室不宜采用垂吊植物，也不宜布置枝叶坚硬或带刺的植物和石蒜、花叶万年青、天竺葵等有毒或有异味的植物。

四、卫生间装饰花卉绿植的选择

卫生间一般较为隐蔽，光照不足，湿度大，所以在选择植物时应考虑其对潮湿环境的适应性，图6-18所示为卫生间装饰花卉绿植。

1. 卫生间环境的特点

目前大多数人群居住的套房内，洗漱和便池是合二为一的小间。卫生间多用白色瓷砖，再加上普通住宅中卫生间普遍面积较小、采光不理想，而且很潮湿，有时给人一种阴冷的感觉。

华盛顿的研究者发现，当环境给人们带来压力和不适时，看看绿色植物，可以防止血压升高。因此，研究者建议，在浴室里放上一盆芦荟，它可以缓解温度上升带来的不适，同时，也能使人在清洗浴室时感到舒服。

家庭养花

图 6-18　卫生间装饰花卉绿植

2. 选择适合卫生间的花卉绿植

（1）可以选择的花卉绿植是绿萝、蜀葵、菊花、大丽花、木香、君子兰、月季和山茶等，帮助净化空气；还可以选择紫菀属、黄耆、含烟草和鸡冠花等植物。

（2）在满足净化卫生间空气要求的前提下，应选择一些耐阴、喜湿的盆栽放置在卫生间，使这里多几分生气，少几许凉意，在这类花草中以蕨类植物为主，如波士顿、肾蕨或吊竹梅、网纹草等悬吊植物。

（3）在卫生间梳妆台的台面上可放置一小篮小型观叶蕨类或冷水花、花叶芋，色彩淡雅十分漂亮。

　【知识链接】

卫浴间绿化装饰小技巧

我们在对卫生间进行绿化装饰时，不妨学会以下 3 个小技巧。

（1）不要妨碍盥洗时的动作，靠近洗脸盆、马桶的位置不宜摆放植物。

（2）室内用于放置肥皂、清洁剂等用品的台面或小架，可用来摆放一些观赏植物。

（3）在卫生间的上方可能有些管道，可以用来吊挂悬垂植物。

五、阳台装饰花卉绿植的选择

阳台是建筑物立面起装饰作用的建筑构件，通常采用水刷石、各色面砖或彩色喷涂进行装饰，其独有的室外空间，搭配合适的花卉绿植，是一处亮丽的风景，图6-19所示为阳台装饰花卉绿植。

图 6-19　阳台装饰花卉绿植

阳台是居室光线最充足的地方，对植物生长较为有利，是家庭养花最好的场所。进行阳台绿化设计时，应掌握以下几点。

1. 朝向特点

朝南的阳台光照充足，通风良好，适合放置观花、观叶、观果等各种喜光植物，如观花的月季、石榴、天竺葵、菊花、一串红、凤仙花、万寿菊、矮牵牛、倒挂金钟、半支莲、旱金莲、茉莉等；观叶的常春藤、花叶芋、彩叶草、观赏凤梨等；观果的金橘、代代、石榴、葡萄等，尤其适合观花植物的生长。

朝北的阳台，光线以散射光为主，应选择较耐阴的品种，如杜鹃、栀子花、玉簪、吉祥草、兰花、茶花等。

东、西朝向阳台要考虑东晒、西晒，适合种植攀缘植物，如金银花、凌霄、茑萝、牵牛花等，沿着棚架缠绕生长，形成绿色屏障，酷暑季节可以降低室内温度。由于夏天阳光灼热，再加上墙壁和地面的反射，使植物的蒸发量增大，所以不宜摆放喜阴的植物。

2. 四季气候变化的特点

选择阳台种植的花卉绿植，要考虑一年四季气候的变化，不能春夏秋冬四季始终是一种花卉绿植，而应根据季节的更替而适时变换，使阳台一年四季景观各异，各具特色。

（1）适合阳台春季栽植的花卉绿植　有迎春、碧桃、丁香、梅花、杜鹃、山茶、牡丹、春兰、海棠、风信子、郁金香、君子兰、叶子花、矮牵牛、朱顶红、倒挂金钟、紫罗兰、三色堇等。

（2）适合阳台夏季栽植的花卉绿植　有建兰、兜兰、百合、玫瑰、芍药、月季、蔷薇、栀子花、西番莲、金丝桃、荷花、凌霄、白兰花、玉簪花、马蹄莲、紫薇、茉莉、米兰、夹竹桃、金边花、石榴、美人蕉、金银花、凤仙花、令箭荷花等开花植物；散尾葵、朱蕉、南洋杉、袖珍椰子、伞草、彩叶草、扶桑、山丹、石竹、桔梗等观叶植物。

（3）适合阳台秋季栽植的花卉绿植　有菊花、万寿菊、大丽花、一串红、秋海棠、桂花、木鞭蓉、晚香玉、鸡冠花、唐菖蒲、枞来红、藏红花等盆花；红枫、银杏、三角枫、火棘、扶芳藤等观叶观果盆景。

（4）适合阳台冬季栽植的花卉绿植　有仙客来、寒兰、蝴蝶兰、腊梅、水仙、君子兰、一品红、山茶、蟹爪兰、龟背竹、天门冬、水竹、文竹、金橘等。

3. 阳台空间可立体绿化的特点

阳台的绿化不应是各种花卉绿植的简单堆砌，而应是条理清晰、层次分明，应做到随意中见章法，零乱中体现美感。为此可按下述形式处理。

（1）悬挂式　用小巧的容器栽种吊兰、蟹爪莲、彩叶草，悬挂在阳台顶板上，美化立体空间；或者将小型容器悬挂在阳台护栏上沿，容器内也可栽植藤蔓或披散型植物，使其枝叶悬挂于阳台之外，美化围栏和街景。

（2）藤架式　在阳台的四角固定竖竿，再在上方固定横竿，形成棚架；或在阳台的外边角立竖竿，并在竖竿间缚竿或牵绳，形成类似栅栏的结构。然后将葡萄、瓜果等蔓生植物的枝叶牵引至架上，图 6-20 所示为藤架式阳台绿化装饰。

图 6-20　藤架式阳台绿化装饰

（3）壁挂式　可在阳台栏杆的内侧和外侧放置爬山虎、凌霄等藤蔓植物，使其自然下垂，但要注意控制其高度，不要影响邻居的生活。

（4）阶梯花架式　在较小的阳台上，为了扩大栽植面积，可利用阶梯式或其他形式的盆架，在阳台上进行立体绿化布置，也可将盆架搭出阳台之外，向户外要空间，从而加大绿化面积，同时也美化了街景，一举两得，当然一定要注意花架的牢固程度，充分注意安全，以防盆架坠到楼下，砸伤行人。

六、其他地方装饰花卉绿植的选择

在家居中，除了在客厅、餐厅、卧室、卫生间等空间绿化外，还有以下容易忽略的室内空间可以用花卉绿植进行装饰。

1. 楼梯装饰花卉绿植的选择

楼梯是承接楼上、楼下空间的过渡地带，宽度在 1.5m 以上的楼梯，可在踏步台阶上放置小盆观叶植物、藤本植物或应时花草，并使一部分枝叶伸出楼梯口，看上去有如层层叠叠的绿色瀑布。

如楼梯的宽度较窄，可沿扶手悬挂小盆的垂吊植物，图 6-21 所示为楼梯扶手上的垂吊绿植。客厅中的楼梯，可在邻近客厅一侧的扶手上用攀缘植物形成绿幔或花幔。

图 6-21　楼梯扶手上的垂吊绿植

楼梯平台的角落易形成死角，可在楼梯下面的平台上适当放置较高大的植物，而上面的平台放置较低的植物为宜。

2. 走廊装饰花卉绿植的选择

走廊一般为住宅大门与客厅的通道，或是客厅与房间的通道，较为狭窄，光线不强，不大适合植物的生长。

在走廊装饰花卉绿植时，最好配置在走廊的尽头或转弯处，或采用悬挂的方法镶嵌于壁面，起到点缀空间、引导视线的作用，且不会妨碍通行。宽度大于 1.35m 的走廊可配置一排小型盆栽，但最好将这些盆花放在栽植箱内，这样既不阻碍通行，又有利于打扫卫生，图6-22所示为走廊装饰花卉绿植。

图 6-22　走廊装饰花卉绿植

3. 窗台装饰花卉绿植的选择

窗台上的光线一般都比较充足，当然有阳光直射光线和散射光线之分，几乎所有植物，从攀缘植物、灌木到草本植物、仙人掌，只要供给它所需的养分和水分，都可以在窗台上栽植。栽植花草的漂亮窗台，小巧的吊盆，不仅美化了建筑物，还使过路人感到愉悦，而且从室内向窗外看过去，也成为一幅色彩生动的风景画，图6-23所示为窗台装饰花卉绿植。

图 6-23　窗台装饰花卉绿植

在南面向阳窗台上，可种植各种花草，以摆放凤梨、天竺葵、矮牵牛等观花植物为最佳。

在朝北的窗台上，适宜栽植秋海棠、蕨类、彩叶芋等阴生植物。

在朝西的窗台上，可沿房檐自下而上牵引绳索，栽植牵牛花、茑萝等，作为遮阴棚。

窗台外侧还可以设置花架或栽植槽，摆放观赏植物，但数量不宜多，植株也不宜过大，植物放置时应中间低两边高，以免遮挡视线。

悬挂垂吊植物也是很好的方法，但要充分注意安全，特别是伸出窗台外面的悬吊装置，以防下坠砸伤路人。

在窗台上摆放的盆花，色彩要和窗帘的颜色相协调，浅色调的窗帘前配深色彩的盆花；反之，深色调的窗帘前放置浅色彩的盆花，以利用色彩的对比来增强装饰效果。

4. 书房装饰花卉绿植的选择

书房占地面积较小的，可以在写字台上摆放如文竹、兰草等小型精致的观叶植物，但是不可过多过乱。

对于书房面积大，空间开阔的，适合多层面结合的装置，以丰富层次。但也要注意突出主景，保证植物之间的协调性。比如采用悬吊效果，增加灵活度；以小型盆景点缀，在靠近墙壁的地面上摆放大型观叶植物，以对称手法美化环境，如橡皮树、巴西铁等。图 6-24 所示为书房写字台上摆放的绿植。

图 6-24　书房写字台上摆放的绿植

第三节　家庭花卉绿植的搭配与摆放

在家庭居室内摆放植物，最重要的一点是植物与空间相融合，彼此映衬，体现整体美。本节主要从居家花卉的花器搭配、摆放位置、摆设方法等方面做出详细介绍。

一、家庭与居室花器搭配技巧

下面我们主要讲几种花盆的选择与搭配。

1. 石质盆

石质盆表面有着粗犷大气的欧风浮雕纹饰，整体观感十分凝重、大方、气派。浅棕的色调与几乎所有西式花草都可百搭，搭配艳丽花草则最能彰显它的西洋气质。盆面上的裂痕颇具沧桑感，看起来自然随性，宛如时光雕刻的岁月之痕。如图 6-25 所示为石质盆。

图 6-25　石质盆

2. 藤编篮

田园风方兴未艾的今天，藤编篮从花器的海洋里脱颖而出。藤编篮（图 6-26）最突出的优点是自然的野趣意味十足，而且色彩通常为深褐、深棕、浅棕、米黄、米白等或沉稳或柔和的中性色，因此无论与花草绿植、家具还是家居环境都非常容易搭配。有了它的点缀，居室便弥漫了浓浓的田园气息。

图 6-26　藤编篮

3. 铁艺

在每一个抬头低眼的瞬间，铁艺大大方方地活跃在我们的视野之中。它们是多肉组合、迷你型小花草和一些观叶植物的最佳拍档，自身硬朗的冷酷感被花草绿植鲜活的生命力彻底柔化，图 6-27 所示为多肉铁艺花架展示。

图 6-27　多肉铁艺花架展示

4. 红陶

红陶花盆（图 6-28）本就是当下最时尚的花器，细质红陶又是其中比较娟秀的一种。加上麻绳、拉菲草和蕾丝花边的点缀，大大增加了它们随性的艺术感，用来搭配多肉组合小盆栽，显得那么的活泼可爱。

图 6-28　红陶花盆

5. 木质收纳盒、独轮小车

木质收纳盒、独轮小车，仿佛经历过时光淘洗的做旧效果令它们更显个性和特色。搭配多肉组合，零而不散、杂而不乱是最佳境界。这便是创意花器的终极魅力。其实生活中美丽的花器无处不在，最重要的是要有一双发现和挖掘它们的慧眼。图 6-29 所示为制作的创意独轮车花架。

图 6-29　创意独轮车花架

6. 四耳彩釉陶罐

四耳彩釉陶罐似乎与其他花器并无二致，但只需稍微调整一下角度，斜侧摆放，味道即刻大不相同。斑驳的红砖墙面，原色的防腐木地板做背景，陶罐暗沉的色调将鲜艳的天竺葵花球陪衬得妩媚无伦。何谓生活情趣？何谓艺术气息？园艺小品四耳彩釉陶罐给了我们完美的答案。

7. 紫砂盆和青花瓷

微型盆景也可算得上是"国粹"，虬曲多变的造型，每桩每件都那么精致典雅。紫砂盆和青花瓷与它们可谓绝配，再往满月形的雕花木格上那么一摆，悠悠古韵随着时光定格。宛若一位穿着丝绸旗袍的古典美人，眼带笑意，自顾自美丽。

二、居家花卉的最佳摆放位置的选择

花卉、叶材皆是装饰居室的最佳选择，而其摆放位置虽可以随意，但是总有最佳的摆放位置。在不破坏整体空间气氛的前提下，只需注意花卉的形式、花色的选择，使其与空间相辅相成即可，图 6-30 所示为居家花卉的摆放。

1. 找到最适当布置点

花卉的色彩与花形千变万化，可以灵活运用，找到最适当布置点。无论任何角落，都可以体现它的芳香。最常见的就是桌面与柜子上，若是大型的花饰则可以摆放在地面上，而壁面则可以利用垂吊式的花器盛栽花材，甚至是天花板也都可以拿来当作干燥花展示花色的空间。但是花卉布置并不是以量取胜，而是以表现出质感为主要要求，所以千万别在同一个空间，摆放超过 3 个以上的布置，以免焦点分散，反而使空间变得繁乱无章。

图 6-30　居家花卉的摆放

2. 取得最佳的观赏角度

花卉布置最大的目的在于制造视觉的焦点，当然也要让每个人都看得见你精心布置的成果。所以如果以花卉来装点客厅茶几或餐桌，那么花形最好是四面花的结构，也就是从任何角度看来皆能呈现美丽的面貌。而过道或是窗台上的花朵，最适合以线形排列的方式陈列，以缩短过道的狭长并丰富视觉享受。另外，若是以花束形式表现，墙的那一面花材其实不妨减少用量，如此可以节省空间与花费。

3. 避免妨碍生活空间

花卉的美化作用在不影响生活空间的基础上才更有价值。就像过道角落，最好选用拉长线条感的长花形，才不会妨碍来往行走的空间；茶几上的花卉，以低矮或平卧花艺较为适宜，以免影响与人的交流视线；原本就狭小的空间不宜摆放花饰，否则拿取物品就相当不便了。

4. 花束尺寸大小要适宜

花束的尺寸大小需依空间而定，否则会给人压迫不舒服的感觉或造成喧宾夺主的困扰。像是在较大的餐桌上插上单支玫瑰花，难免显得有些空洞；或在小小书桌摆上一大束的香水百合，就会让人产生挤压之感，所以短小的花束虽是现代潮流，但还是要依空间来选择花束尺寸的大小。

三、家庭绿植盆花的摆设方法

适合于家庭厅室摆设的盆花是多种多样的，目前运用最普遍的是盆栽花卉与盆景，图6-31所示为家庭盆花摆设。

家庭养花

图 6-31　家庭盆花摆设

家庭盆花的摆设应注意以下几个原则。

1. 摆设要少而精

一般说来，每个室内摆设 1～3 盆盆花即可。否则，不仅起居不便，卫生受影响，且显得过于零乱烦杂。

2. 摆设方式要多样化

盆花陈设要注意位置与摆法，如扶桑、棕竹适合摆在墙角部位或沙发的外侧；或选择天门冬、迎春花这类呈悬垂姿态的盆花或盆景，也很雅致美观。此外，茶几、写字台、五斗橱等家具也是摆设盆花的地方，但宜小不宜大，宜精不宜粗。

盆花陈设需随厅室不同、季节不同、摆设位置不同而有相应变化。摆设盆花目的在于美化环境，有益身心，所以盆架、几案等陈设用具的选配也要合理。

3. 室内盆花要经常调换

与其他工艺装饰品不同，盆花是有生命的，若长期离开自然环境，会出现一些病症。所以，除了寒冷的冬季外，其他季节都需要适时地将盆花移至屋外，这对人、对花都有好处。

4. 摆设要注意环境

花卉与人类健康关系密切，如花香四溢的房间利于高血压病人的康复，天竺葵还能促进身心舒畅。但是有的花卉汁液有毒，如罂粟、水仙；有的花卉的花粉会引起过敏反应，如凌霄花等。因此，花卉摆放位置的选择要谨慎。

需要注意的是，在移居室内之前，大多的盆花都是露天生长的，所以花盆中会有蜈蚣、蟋蟀等害虫，因此移动之前需先杀死害虫，可以喷洒农药的 500～1000 倍稀释液。

四、家庭居室室内盆景的摆设方法

盆景自古以来就是室内陈设和庭院布置的绝佳艺术品。在居室内摆上一盆盆景，可以使四壁生辉，在庭院栽种几株盆景，能增添小院特色。观赏性是盆景作为饰品的第一要务，其次要考虑植物与环境的和谐性，图 6-32 所示为室内榕树盆景摆放。

图 6-32　室内榕树盆景摆放

1. 摆设的位置

盆景的陈设，一般是考虑盆景的大小、种类、盆几架的搭配，环境的烘托、建筑物与盆景间的距离、盆景的高度、盆景之间的相互关系。室内陈设多用中型、小型、微型盆艺，摆放合理、陈设得当，才能达到美好的艺术效果。

2. 摆设的高度和角度

同一盆景，其俯视、平视、仰视的效果迥然不同。比如树桩盆景要根据其造型特点和样式来选择放置方式。

（1）仰视　提根式、悬崖式、垂枝式盆景适宜仰式。
（2）平视　横干式、直干式、丛株式、蟠干式盆景适宜平视。
（3）俯视　疏枝式、寄植式、混接式盆景适宜俯视。

3. 摆设的背景

盆景的摆设应与季节的变换相协调，如春景的清怡含笑，夏景的浓郁，秋景的萧疏，冬景的沉寂。盆景摆放时要注重室内环境的烘托，盆景的背景色调一般以浅色为佳。

4. 摆设的注意事项

摆设盆景切忌杂乱无章。每盆之间的距离最好疏密相间，恰到好处。盆、架的大小、形状、质地、色泽应和谐统一，相映成趣。

5. 盆景的搭配

盆景是立体画，若在室内配以国画以及题咏盆景的挂景、楹联、诗词、书法，经题咏者轻轻点出，浑然一体，可令满室生辉。

五、居室插花作品的摆设方法

一件优秀的插花作品，如果摆放在一个不协调的环境里或不恰当的地点，作品就会黯然失色。插花作品必须有一个与它相适应、相协调的环境，两者才能互相陪衬和烘托，取得相得益彰的效果，图6-33所示为室内插花作品摆放。

图 6-33　室内插花作品摆放

1. 摆设于不受风吹日晒处

干净、整洁、明亮的室内环境是插花作品摆设最基本的要求，插花应摆设在不受风吹及阳光直射的地方，最好放在阴凉之处，不要太靠近暖气、煤气灶等热源，保持室内空气新鲜、流通，不要有烟味。

2. 位置得当、布局合理、中心突出

室内插花摆放得当会增加环境的美感，使人感到舒适。无论采用对称式摆法还是不对称式摆法，都应合理布局。鲜花起点缀作用，插花作品摆放位置不应妨碍行走。垂吊形式的花要避开人（一个人正常通过的距离为76～91cm）。插花作品可摆放于平时闲置的器物表面，与其他物品共同构成视觉中心。如果室内摆放一个以上的插花，应做到主次分明，中心突出。同一方位内的空间有主景和配景之分，主景应突出、醒目，或姿态优美，或色彩艳丽，或造型奇特。

3. 大小相宜、比例适度

插花作品的体量要与所放置环境的空间尺度相称，恰到好处，如低矮的空间不宜放置悬垂式插花；小房间不宜放置大型插花作品；而客厅中如果只用小品式插花点缀，会显得微不

足道。放置插花作品的几架、桌面等，均应与作品的大小相协调。客厅、会议室可摆放大、中型作品，卧室、书房等则不宜放大型枝叶插制的作品，而改用柔软小花及淡色的植物，以求轻松、舒适感，消除紧张和疲劳。

4. 简洁协调

室内布置插花，不是多多益善，小型空间（卧室、书房等）点缀一两件就可以了，不要太繁多，太多会杂乱无章，应重质不重量，以简洁为好。小空间可展现个体美，大空间则展现群体美。

同时，插花作品的造型应与室内家具或其他物品的风格协调，中式家具和物品宜搭配东方式插花，花材可以采用梅、兰、竹、菊、垂枝榕等，展示出古朴、典雅的风格；西式家具和物品，宜搭配西式和自由式插花；风格简约的现代家具和物品，宜搭配简单的、直线条的插花。如插花作品摆放在严肃、严谨、传统的环境中，可选两边一样的对称式插花；如摆放在轻松、活泼的环境中，可选不对称式插花。总之，插花与环境要做到整体和谐。

5. 形色适宜

插花作品要与室内环境色彩相协调，除了花材颜色外，花器颜色也很重要，插花作品总体色调要与墙面、地面及家具色彩相协调，不宜破坏整体色彩布局的平衡，作品颜色或鲜明或柔和，应起到鲜明、生动、赏心悦目的装饰效果。

同时，插花作品摆放应与作品构图形式相适应，摆放位置要充分考虑人的观赏视线，一般直立式、倾斜式的作品应平视，可以摆放在前台、写字台、书桌、会议桌上；而下垂式作品应仰视，可以放置在高处。四面观的插花作品宜摆放在中间，单面观的插花作品宜摆放在靠近墙角的地方。另外，摆放场合不同，插花作品摆设布置也应各不相同。

总之，插花作品摆设布置应从总体效果出发，在平面位置、空间布局、立面景观、使用要求上，全面考虑是否符合布置的艺术要求和功能要求。

六、流行的家具绿植配搭方法

现在流行的居家装饰风格主要有以下 5 种。

1. 古典传统型

（1）家具风格　用樱桃木、红木、核桃木做的古典家具。
（2）配饰特点　配以丝绸、锦缎和提花毯。
（3）花卉搭配　用不同鲜花搭配，如康乃馨、百合、玫瑰等。图 6-34 所示为古典家具的花卉搭配。

2. 现代简约型

（1）家具风格　北欧式现代简约家具。
（2）配饰特点　用玻璃器皿以及其他合成材料营造简洁线条。
（3）花卉搭配　具有异国情调的鲜花，如马蹄莲。鲜花容器应选金属容器、磨砂花瓶、装饰性的陶罐。

图 6-34　古典家具的花卉搭配

3. 美国乡村型

（1）家具风格　朴素自然的木制家具。

（2）配饰特点　多用棉麻等朴实无华、质地结实、充满粗犷感觉的配饰。

（3）花卉搭配　装在编织篮子里的春季鲜花，如野玫瑰，图 6-35 所示为美国乡村型室内绿植搭配。

图 6-35　美国乡村型室内绿植搭配

4. 维多利亚型

（1）家具风格　装饰繁复精美厚重的家具。

（2）配饰特点　用印花棉布、锦缎、带子和透明硬纱营造出一种鲜艳浪漫的氛围。

（3）花卉搭配　带浅淡紫、桃红、粉红、黄色和奶油色调的鲜花，如牡丹、栀子花、小仓兰等，容器适合可爱而具浪漫情调的玻璃瓶、水晶瓶。

5. 轻松休闲型

（1）家具风格　漂白过的橡木、天然木料做的家具。

（2）配饰特点　竹藤、布艺装饰材料。

（3）花卉搭配　体现自然平衡感觉的鲜花，如绣球花、雏菊、郁金香等，容器可选玻璃花盆、陶器。

第七章　健康花卉选育一点通

如今，家庭种植花卉不仅是追赶"潮流"，希望装饰或美化居室空间。种植花卉更多的是为了从人们自身的身心健康出发，用花卉盆栽监测室内空气污染、净化室内空气、活氧杀菌以及具有一定的药用价值。

第一节　监测空气污染的花卉

近年来，室内空气污染问题越来越严重，同时人们对环境质量和健康水平的日益关注，使原本美化环境的花卉被赋予了新的使命而大量进入居室。事实证明，很多花卉确实对室内空气有监测作用。

一、"监测毒气"的木槿

木槿是一种在庭园很常见的灌木花种，全国各地均有栽培。在园林设计中，木槿可以作为花篱式绿篱，无论是孤植还是丛植都有较高的欣赏性。木槿的种子可入药食用，有"朝天子"的称号。图 7-1 所示为阳台木槿盆栽。

1. 监测功效

木槿主要用来监测二氧化硫，因为当木槿生长在二氧化硫浓度过高的环境中，其叶片会变色，由绿色慢慢变为灰白色，而且叶脉中间还会出现斑点，大小不一，形状各异，绿色也会渐渐失去，逐渐发黄。

2. 养护指南

（1）选盆　种植木槿时不可选用塑料盆，泥盆是最佳选择，再者就是紫砂盆和瓷盆。

（2）择土　木槿生活环境需要中性到酸性的土壤，有肥力自然最好，但是在贫瘠的土壤中也能存活。

图7-1 阳台木槿盆栽

　　(3) 栽培　选择即将栽植的木槿枝条，在土壤偏干时进行栽植效果最好。将剪好的木槿枝条插入土中。用塑料薄膜覆盖，保温保湿数月，方可移植入盆，置入土壤，轻轻压实后浇入充足的水分。入盆后要放置阴凉处一周，再放到阳光处进行正常养护。

　　(4) 光照　木槿喜阳，适合温暖的环境，光照充足有利于更好生长，不耐阴，所以栽培的光照条件应满足：多见阳光。

　　(5) 温度　在寒冷的条件下，木槿也能生长，比较耐寒，最适生长温度为15～28℃。

　　(6) 浇水　木槿的根喜欢潮湿的环境，但不能有积水。只要保证基本的湿度就行。花期阶段，若发现土壤会变干应及时对植株浇水。在立秋之后，最好再浇一次水，可以提高木槿的抗寒性，以便安全过冬。

　　(7) 施肥　在木槿移盆之前，要先施入有机肥料，如麸肥。而且在木槿的生长期内，每个月都要施用肥料，一个月2次就行。总之，要遵循"少施薄施"的原则。

　　(8) 繁殖　木槿的繁殖方法有扦插法、播种法、压条法，其中最主要的方法是扦插法。繁殖期在早春或是梅雨季节，这时段的木槿最易生根成活，也可在秋末冬初进行。

　　(9) 修剪　木槿的萌芽能力很强，在暮秋时节，要及时清除多余的枝叶，比如瘦弱的枝叶，或是过稠过密的枝叶，这样可以降低营养的消耗量，有利于植株的正常生长。为了培育丛生状的苗木，可以在第二年春天对植株进行截干，以促使其基部蘖生新枝。最好在冬季将枝修剪到1.5m左右高，3月再剪枝一次，但不要剪枝太多。

　　(10) 布置摆放　在庭院栽种木槿是最常见的，如果做盆栽，则应摆放在阳台、客厅等向阳的地方。另外，木槿的枝条很适合编织成花篮，用以装饰房间。

二、"监测氟气"的唐菖蒲

　　唐菖蒲别名菖兰、剑兰、荸荠莲、十样锦。目前在世界各地均有栽培种植，且品种多

家庭养花

138

样。唐菖蒲的花茎比叶子高，花冠蓬大，通常是漏斗形，花色繁多，不但有红色、黄色、白色、蓝色、紫色等单色品种，还有复色品种。图 7-2 所示为唐菖蒲盆栽。

图 7-2　唐菖蒲盆栽

1. 监测功效

唐菖蒲主要监测氟。若唐菖蒲生活在氟浓度为 0.1μL/L 的环境中 30h，它的叶缘和叶片尖端就会出现斑点，通常为褐色。

2. 养护指南

（1）选盆　唐菖蒲做盆栽养护时，最好选择泥盆，不可选用透气性差的塑料盆或瓷盆，否则会影响其正常生长。

（2）择土　唐菖蒲对土壤没有严格要求，一般选择沙质土壤，只要土质松散、有肥力、排水通畅就好，土壤酸碱度为 5.6～6.5 即可。

（3）栽培　栽培前，首先选好唐菖蒲球茎，球茎没有出现斑纹或斑点为好，发根部位和萌芽部位没有破损，而且最好选择扁球状的小球茎。在盆中准备好土壤，把小球茎移植到盆中，如果球茎比较大，而土质又疏松，那么栽植的深度需要 8～10cm；如果球茎比较小，而土质又比较黏重时，栽植的深度达到 6～8cm 即可。在入盆以后，应该浇一次透水，并且要维持土壤的潮湿状态，然后再放在通风良好、光照充足的位置，进行正常的养护管理即可。

（4）光照　唐菖蒲喜阳，属于长日照植物，最好每日接受 16h 的光照。在唐菖蒲的生长期内，植株每天需要的最少光照时长是 10h。冬天栽植时，若遇到阴雨天，光照不足时，应适当人为补充光照。

（5）温度　唐菖蒲喜欢温暖的环境，惧严寒冰冻。在高温的夏季不耐酷热，适合放置在清爽凉快的环境中。冬天栽植唐菖蒲，温度不能低于 0℃，否则植株会受冻害。球茎萌芽后，白天最适生长温度为 20～25℃，夜晚最适温度为 10～15℃。

（6）浇水　待长出幼苗后，隔 2～3 天浇一次水。在夏季，隔 1～2 天浇一次水。长出花蕾后，植株需要足够的水分，应每天或隔一天浇一次水，与此同时，稍遮蔽阳光。10月以后，停止浇水。

（7）施肥　唐菖蒲不需要过多肥料，幼苗长出 2 枚叶片后，15 天左右追施一次腐熟的有机肥；孕蕾期施一次磷肥；浇水的同时施一次过磷酸钙和骨粉；开花后施一次钾肥。

（8）繁殖　唐菖蒲可以采用切球法、分球法、播种法和组织培养法进行繁殖，主要采用分球法。

（9）布置摆放　唐菖蒲多用于切花装点家居，也可盆栽摆放在阳台、窗台、天台等光线较好的地方，直接种植在庭院里观赏也是不错的选择。

三、"监测二氧化硫"的矢车菊

矢车菊（图 7-3）原产欧洲，原是野生花卉，现在的矢车菊花朵较大，颜色多样，蓝色、白色、浅红、紫色等都有，其中紫色、蓝色最为名贵。

图 7-3　矢车菊

1. 监测功效

矢车菊能够对二氧化硫进行监测。当空气中二氧化硫浓度较高时，矢车菊会失水变枯，无法正常开花。

2. 养护指南

（1）选盆　栽种矢车菊不宜选用透气性差的塑料盆或瓷盆，容易导致烂根，最好选用泥盆。

（2）择土　矢车菊适合在有肥力、土质松散、排水通畅且是沙质的土壤中生长，盆土应该具有良好的通气性、排水性。

（3）栽培　栽培前首先选好植株，矢车菊的幼株最好选择已经长出 6～7 枚叶片的，然后移栽到花盆。在花盆里准备好有肥力且松散的土壤，轻轻压实幼株根基部的土壤，浇足水分，把花盆放在温暖通风的地方，正常养护管理即可。

（4）光照　矢车菊的生长环境一定要满足通风良好、光照充足的条件，否则，会因环境阴暗潮湿而死亡。

（5）温度　矢车菊喜欢在清爽凉快的环境中生长，有一定的耐寒力，即使在寒冷的冬季，只要室内温度合适，就可正常生长，适宜温度一般为 8～15℃。

（6）浇水　一般每天浇一次水。夏天易干旱，需要早晚各浇水一次，以维持盆土的湿润度，还能给盆土降降温，但是水量不能太多，不允许有积水。因为矢车菊是不能在阴暗潮湿的环境中正常生长的，所以在生长季节的时候，每次浇水一定要适量，水量太多会导致盆土内过于潮湿，造成植株的根系腐烂。

（7）施肥　种植前，应该给矢车菊施一次底肥，以后每月施一次液肥，保证植株正常生长就行了，直到花蕾出现时，停止施肥。

（8）繁殖　矢车菊的繁殖方法是播种法，春、秋两季都能进行，以秋季播种为宜。

（9）修剪　矢车菊茎干细弱，苗期应进行摘心处理，目的是为了让植株长得低矮，促进侧枝的萌生。

（10）布置摆放　矢车菊喜光，可以地栽或在阳台、窗台等向阳的地方盆栽摆放，也可以作为切花装点餐厅、客厅、书房。

四、"监测臭氧"的万寿菊

万寿菊又名臭芙蓉，为菊科万寿菊属，一年生草本植物，茎直立、粗壮，具纵细条棱，分枝向上平展。万寿菊常于春天播种，因其花大、花期长，故常用于花坛布景，图7-4所示为万寿菊盆栽。

图7-4　万寿菊盆栽

1. 监测功效

万寿菊能够对二氧化硫与臭氧进行监测。它对上述两种气体的反应皆十分灵敏，当受到二氧化硫侵袭时，它的叶片便会变为灰白色，叶脉间出现形状不固定的斑点，逐渐失绿、发黄；当受到臭氧侵袭时，它的叶片表面便会变为蜡状，出现坏死斑点，变干后成为白色或褐色，叶片变成红、紫、黑、褐等色，并提前凋落。

2. 养护指南

（1）选盆　栽种万寿菊最好选用素烧陶盆，塑料盆也可，以多孔盆为宜。

（2）择土　万寿菊对土壤没有严格的要求，然而在土质松散、有肥力、排水通畅的沙壤土中生长得最好，同时土壤最好细碎如粉。

（3）栽培　将幼枝剪成10cm长做插条，顶端留2枚叶片，剪口要平滑。将生根粉5g，兑水1～2kg，加50％多菌灵可湿性粉剂800倍液混合成浸苗液，将插条的1/2侵入药后立即插入盆土中，深度约为1/2盆高。将盆土轻轻压实，然后浇透水分。

（4）光照　万寿菊性喜阳光，充足的阳光可以显著提升花朵的品质。

（5）温度　万寿菊的生长适宜温度为15～25℃，冬天温度不可低于5℃。夏天温度高于30℃时，植株会疯长，令茎叶不紧凑、开花变少；当温度低于10℃时，植株也能生长，不过生长速度会减缓。

（6）浇水　万寿菊的浇水时间和浇水量都要合适，勿积聚过多的水，令土壤处于略湿状态就可以。刚刚栽种的万寿菊幼株，在天气炎热时，要每天喷雾2～3次，使盆土保持湿润。给万寿菊浇水应以"见干见湿"为原则。

（7）施肥　万寿菊的开花时间较长，所需要的营养成分也比较多。它喜欢钾肥，氮肥、磷肥与钾肥的施用比例应为15∶8∶25，在生长期内需大约每隔15d追肥。在开花鼎盛期，可以用0.5％的磷酸二氢钾对叶面进行追肥。

（8）繁殖　万寿菊可采用播种法或扦插法进行繁殖。采用播种繁殖时，一年中都可进行。采用扦插繁殖时，以在5～6月进行为宜，此时植株易于存活。

（9）修剪　万寿菊的开花时间较长，后期植株的枝叶干枯衰老，容易歪倒，不利于欣赏。所以，要尽快摘掉植株上未落尽的花，并尽快追施肥料，以促进植株再开花。

（10）布置摆放　万寿菊的花期比较长，可盆栽摆放在窗台、书桌、案几上，也可单枝制作成切花插瓶。

五、"室内空气报警器"的三色堇

三色堇是堇菜目，堇菜科，堇菜属的二年或多年生草本植物。三色堇常栽培于公园中，通常每朵花有紫、白、黄三色，故名三色堇。三色堇较耐寒，喜凉爽，开花受光照影响较大。图7-5所示为三色堇盆栽。

家庭养花

图7-5　三色堇盆栽

1. 监测功效

三色堇能对二氧化硫进行监测，当受侵袭时，它的叶片会变为灰白色，叶脉间出现形状不固定的斑点，渐渐失绿、发黄。

2. 养护指南

（1）选盆　栽种三色堇不可使用塑料花盆，要用普通的泥盆。

（2）择土　三色堇对土壤的要求不严格，喜欢有肥力、土质松散、排水通畅的沙质土，也能在贫瘠的土壤生存，但是不能在排水不畅、湿度较大的土壤中存活。

（3）栽培　栽培前，先在花盆底部放入少量土壤，把三色堇幼苗（带着土坨）放进花盆，再加点土，然后压实，浇透水，放在荫蔽、凉爽的地方约一周。幼苗发芽长出叶片以后，换一次盆，再施一次肥，把花盆放在向阳的地方就行了。

（4）光照　三色堇对日照的要求不高，但是阳光不足会影响植株开花。

（5）温度　三色堇生长环境的湿度和温度不可太高，最适生长温度是：白天 15～25℃，晚上 3～5℃。如果空气中温度超过 28℃，应及时给植株降温，避免死亡，可以通过改善通风条件达到效果。

（6）浇水　三色堇害怕积水，在排水不畅、湿度较大的土壤里生长困难，所以浇水一定要适量。刚栽种的时候，需要每天浇水一次，连续 7～10 天。开花之后，遵循"见干见湿"的原则。春秋季每隔 3 天下午 5 点左右浇一次，夏季隔天上午 9 点浇一次，冬季隔周浇一次，最好是上午 10 点前。

（7）施肥　养护三色堇，使用较稀的豆饼水即可，每月一次。氮肥可少量使用，多用磷肥和钾肥。

（8）繁殖　三色堇的繁殖方法有扦插法、播种法、压条法，其中播种繁殖最常用。

（9）修剪　在三色堇生长期摘心，在早春时就能开花。三色堇花朵凋谢时应及时剪掉未落尽的花，这样植株会再次开花。

（10）布置摆放　三色堇适应性强，家庭盆栽一般适宜摆放在餐厅、客厅、门厅、书房、厨房、卧室等处。

六、"监测硫化氢"的虞美人

虞美人又称赛牡丹、娱美人、丽春花、锦被花、蝴蝶满园春等。花朵还未开放的时候，花蕾呈蛋圆形，外面包着两片萼片，且萼片绿色镶白边，花梗细长直立，略低垂，花瓣有 4 片，花色奇特。杜甫有诗赞曰："百草竞春华，丽春应最胜"，图 7-6 所示为虞美人盆栽。

1. 监测功能

虞美人主要检测硫化氢。一旦空气中含有硫化氢气体，虞美人的叶子就会发焦，而且产生斑点，就连花蕾上也有反映。

2. 养护指南

（1）光照　虞美人喜阳，需要充足光照，所以在室内时，一定要保证光线良好，但是移

图 7-6　虞美人盆栽

栽初期要遮阴，成活以后，逐渐接触阳光，再逐渐延长光照时间。

（2）温度　虞美人惧酷暑，但有一定的耐寒力，喜欢温暖的环境，温度应控制在 15～28℃，冬季进入休眠期，此时可稍耐低温。

（3）浇水　盆栽虞美人 3～5 天浇一次水，平时浇水不用太多，生长期内，也就是立春前后，可以适当增加浇水的次数，以维持土壤的湿润度，切忌水涝；冬天是休眠期，只要保证土壤不要过分干燥即可，浇水不能频繁。

（4）施肥　虞美人适合肥沃的土壤，在生长期内，2～3 周施一次，肥料选用 5 倍水的腐熟尿液，开花之前再追施一次。

（5）繁殖　一般来说，虞美人适合采用播种法繁殖，春秋两季都可播种。

（6）摘心　当虞美人的幼苗长出 6～7 片叶时，应进行摘心处理，这是为了让幼苗分枝。如果不留种，开花期就及时剪掉未落尽的残花，以保证植株的营养，可令后开的花朵更加鲜艳，还能延长花期。

（7）布置摆放　虞美人花朵鲜艳、姿态优美，家庭种植的盆栽虞美人适合摆放在客厅、阳台、窗台等光线充足、通风的地方，也可以制成瓶插摆放在客厅、书房、餐厅。

七、"才貌双全"的美人蕉

美人蕉原产于热带美洲及亚热带，别名红艳蕉、兰蕉、虎头蕉、破血红等。图 7-7 所示为美人蕉幼苗。

1. 监测功能

美人蕉能清除和监测二氧化硫、氯气等有害气体带来的伤害，并发出警示。当发现其叶子失绿变白，花果脱落时，特别要当心氯气的污染。

图 7-7　美人蕉幼苗

2. 养护指南

（1）光照　生长期要求光照充足，保证每天要接受至少 5h 的直射阳光。环境太阴暗，光照不足，会使开花期向后延迟。

（2）温度　美人蕉喜欢较高的温度，生长适温是 15～28℃，如果温度在 10℃ 以下则对其生长不利。

（3）浇水　美人蕉可以忍受短时间的积水，然而怕水分太多，若水分太多易导致根茎腐坏。美人蕉刚刚栽种时要勤浇水，每天浇一次，但水量不宜过多。干旱时，应多向枝叶喷水，以增加湿度。

（4）施肥　栽植前应在土壤中施入充足的底肥，生长期内应经常对植株追施肥料。当植株长出 3～4 枚叶片后，应每隔 10 天追施液肥一次，直到开花。

（5）繁殖　美人蕉可采用播种法或分株法进行繁殖。

（6）修剪　开花之后要尽早把未落尽的花剪除，以降低营养的耗费，促进植株继续萌生新花枝；北方各地霜降后，美人蕉如果遭受霜冻，露出地上的部分会全部枯黄，此时应将地上枯黄的部分剪掉，挖出根茎，稍稍晾晒后放在屋内用沙土埋藏，第二年春天再重新栽植。

（7）布置摆放　美人蕉可以直接栽种在庭院里欣赏，也可以用木桶或大型花盆栽种，摆放在客厅、阳台、天台、走廊等处。

八、"监测氨气"的杜鹃

杜鹃花又名映山红、山鹃等。杜鹃花是中国十大名花之一。在观赏花卉之中，杜鹃称得上是花美、叶美，土培、盆栽皆宜，是用途最为广泛的观赏花卉，图 7-8 所示为杜鹃盆景。

图 7-8　杜鹃盆景

1. 监测功能

杜鹃对臭氧和二氧化硫等有害气体有很强的抗性,同时也能吸收这些有害毒气,起到净化空气的作用。它对氨气也十分敏感,可作其监测植物。

2. 养护指南

(1) 光照　杜鹃为长日照花卉,即使在盛夏,也不宜放在过阴处,而要放在通风透气处和比较凉爽的地方,即室外蔽阴处。9 月底 10 月初阳光强度减弱,天气凉爽,应逐步缩短蔽荫时间,以放在屋前东南向的阳台为宜。

(2) 温度　4 月中、下旬搬出温室,先置于背风向阳处,夏季进行遮阴,或放在树下疏荫处,避免强阳光直射。生长适宜温度 15～25℃,最高温度 32℃。10 月中旬开始搬入室内,冬季置于阳光充足处,室温保持 5～10℃,最低温度不能低于 5℃,否则停止生长。

(3) 浇水　夏季要多浇水、勤浇水,因夏天气温高,日照强烈,水分蒸发快。早晨水要浇足;晚上浇水视情况而定,叶子上要喷水,保持叶面清洁和环境的湿润。

(4) 施肥　在每年的冬末春初,最好能对杜鹃施一些有机肥料做基肥。4～5 月杜鹃开花后,由于植株在花期中消耗掉大量养分,随着叶芽萌发,新梢抽长,可每隔 15 天左右追一次肥。入伏后,枝梢大多已停止生长,此时正值高温季节,生理活动减弱,可以不再追肥。秋后,气候渐趋凉爽,且时有秋雨绵绵,温湿度宜于杜鹃生长,此时可做最后一次追肥,入冬后一般不宜施肥。

(5) 修剪　修剪整枝是日常维护管理工作中的一项重要措施,能调节生长发育,从而使长势旺盛。日常修剪需剪掉少数病枝、纤弱老枝,结合树冠形态剪除一些过密枝条,增加通风透光,有利于植株生长。

(6) 摘心　蕾期应及时摘蕾,使养分集中供应,促使花大色艳。

（7）布置摆放　盆栽不能放在地上，宜放在花架或倒置的空花盆上，上面挂有遮阴的网或帘子，而且要保持通风。

九、测"毒"高手的桃花

我国栽培桃花的历史可谓悠久，已有3000多年，特别在江南，阳春三月风和日丽之时，桃花盛开，景色优美，极其漂亮。人们往往用"桃红柳绿"来描绘春天景色的无比秀丽，图7-9所示为桃花盆景。

图 7-9　桃花盆景

1. 监测功能

桃花主要监测硫化物、氯气。一旦这些污染物产生，桃花的叶片就会产生大量的斑点，并慢慢死亡。

2. 养护指南

（1）光照　桃花喜阳，耐寒，怕水涝，需种植在排水良好的沙质土壤及阳光、通风良好的空旷环境中。若生长期的光照不足，会导致枝条细弱、节间变长，开花期花色暗淡。

（2）温度　桃花盆景适应区域广阔，但冬天温度低于−23℃，植株会冻伤。

（3）浇水　桃花怕水涝，所以雨季一定要及时排水。

（4）施肥　开花期以氮肥为主，辅以磷钾肥，花芽分化或是果实生长期，需要追施磷钾肥。

（5）摘心　盆栽桃树，当新梢长至20cm时应摘心。

（6）修剪　夏季要对枝条进行摘心，冬季对长枝做适当剪修，以促使多生花枝，并保持树冠整齐。

（7）布置摆放　桃花可地栽于庭院、绿化小区、公园。盆栽可做盆景，放置在阳光充足的阳台、窗台、屋顶花园上做监测指示植物。

第二节　净化空气的健康花草

人们的生活水平在不断提高，对居住环境的健康要求也在提高。室内刚刚装修后，在居室里摆放些合适的花草，像垂叶榕、平安树、白鹤芋、橡皮树等，不但能够清除因装修产生的污染，还可以净化空气，使新屋焕发生机，同时也能改善室内的小气候。

一、"居室空气好帮手"的橡皮树

橡皮树又名印度榕、印度橡胶。常见品种有花叶橡皮树、金边橡皮树、白斑橡皮树、金星宽叶橡皮树等，图7-10所示为橡皮树盆栽。

图 7-10　橡皮树盆栽

1. 环保功效

橡皮树可以净化空气中的甲醛等挥发性有机物，其叶片还能吸附空气中的粉尘等细小颗粒，对净化室内空气效果颇佳。

2. 养护指南

（1）择土　盆栽橡皮树以肥沃疏松、排水良好的土壤最佳，可用腐叶土、园土和河沙并加少量基肥混合配成。

（2）光照　橡皮树性喜高温湿润、阳光充足的环境，忌阳光直射，也能耐阴。

（3）温度　橡皮树不耐寒，室温在22～32℃适宜其生长，越冬温度不能低于10℃。

（4）浇水　橡皮树在日常养护过程中应注意保持土壤湿润，在夏季高温季节应加大浇水量，但应避免盆内积水。入秋后逐渐减少浇水，冬季则应少浇水。

（5）施肥　日常养护过程中，橡皮树在春、夏、秋三季生长旺盛，每月需施1～2次液肥或复合肥。秋后要逐渐减少施肥，冬季则应停止施肥。

（6）修剪　当橡皮树苗高80～100cm时应短截，促其长出4～5个侧枝，以后每年对侧枝短截一次，能使树体圆浑、丰满、美观。

（7）繁殖

① 扦插。一般于春末夏初结合修剪进行。选择一年生木质化的中部枝条做插穗，插穗以保留3个芽为准，剪去下面的1个叶片，将上面2个叶子合拢，并用塑料袋绑好。将处理好的插穗扦插于河沙或蛭石中，其后养护过程中注意保持较高的温度和湿度，经2～3周即可生根。

② 高压。选择2年生枝条，先在枝条上环剥2cm宽，再用潮湿苔藓或泥炭土等包在伤口周围后用塑料薄膜包紧，并捆扎上下两端，1～2个月后即可生根。

（8）布置摆放　橡皮树观赏价值较高，是常见的盆栽观叶植物，适合室内盆栽，美化客厅、书房等处。

二、"绿色的空气净化剂"的垂叶榕

垂叶榕又名小叶榕、细叶榕。常见品种有花叶垂榕、黄金垂榕等。垂叶榕树干光滑直立，多分枝，灰色；叶互生，呈椭圆下垂状，基部圆形或钝形；叶片浓绿色，有光泽，图7-11所示为垂叶榕盆栽。

图7-11　垂叶榕盆栽

1. 环保功效

垂叶榕是十分有效的空气净化器，其能够吸收空气中甲醛、苯类等有害气体，也能吸收室内的烟气，同时释放出大量氧气，使室内空气中的负离子含量增加，空气湿度提高，对改善室内空气质量效果颇佳。

2. 养护指南

（1）择土　盆栽垂叶榕宜选择肥沃、排水良好的土壤，盆土用堆肥与等量的泥炭土混合，并施入一些基肥做底肥。盆土宜每年春季更换一次。

（2）光照　垂叶榕可置于光亮处，忌阳光照射。

（3）温度　室温在15～30℃最适宜垂叶榕生长，越冬温度不宜低于5℃。

（4）浇水　垂叶榕在生长旺盛期经常浇水，保持盆土湿润，并应经常向叶面和植株周围喷水，以提高叶片光泽。入冬后必须在盆干时再浇水。

（5）施肥　垂叶榕在生长期中宜每半月施一次稀薄肥水，肥料以氮肥为主，并应适当配合一些钾肥。

（6）繁殖

① 扦插。一般在4～6月进行，先选取生长粗壮的成熟枝条，截取10cm长的嫩枝，去掉下部叶片，上部留2～3片叶，插于沙床中，1个月左右即可生根。

② 高压。一般在4～8月进行，选取母株半木质化的顶枝，在上部留3～4片叶，在其下方环状剥皮或舌状切割，然后用苔藓等包裹，以塑料膜捆扎，30天左右可生根。

（7）布置摆放　垂枝榕叶片小，叶色浓绿，枝条下垂且茂密，树姿优美，可做乔木状盆栽，用作大堂、会议室、门厅、庭院、街道等处美化布置。

三、"吸收氨气"的白鹤芋

白鹤芋又名白掌、苞叶芋、银苞芋。常见品种有艾达乔、阿迪托、阿尔法、多米诺、贾甘特、菲奥林达、佩蒂特、普雷勒迪、白公主、斯蒂芬等。白鹤芋的植株高30～40cm，叶子长椭圆形或阔披针形，叶色浓绿，叶脉明显，浆果呈球形，图7-12所示为白鹤芋盆栽。

图7-12　白鹤芋盆栽

1. 环保功效

白鹤芋能净化空气中的酒精、丙酮、三氯乙烯、苯、甲苯、臭氧等有害物质。据测算，每平方米的白鹤芋叶片在 24h 内可吸收甲醛 1.09mg，吸收氨气 3.53mg。另外，白鹤芋对臭氧具有较高的净化功能，适于摆放在厨房煤气灶旁，可以有效去除油烟以及挥发性物质的特别味道。

2. 养护指南

（1）择土　盆栽白鹤芋宜选用疏松、排水通气性好的土壤，可用腐叶土、泥炭土拌和少量珍珠岩配制而成，忌用黏重土壤，盆土宜每年早春更换一次。

（2）光照　白鹤芋较耐阴，只要有光即可满足其生长需要，因此可常年放在室内具有明亮散射光处培养。夏季可遮去 70% 的阳光，忌强光直射，否则叶片会变黄，严重时出现日灼病。北方冬季温室栽培可不遮光或少遮光。若长期光线太暗则不易开花。

（3）温度　白鹤芋盆栽室温在 22～28℃ 最适宜其生长，越冬温度则应在 14℃ 以上。

（4）浇水　日常养护中应注意保持盆土湿润，在春、夏、秋三季要时常浇水，并经常用细眼喷雾器往叶面上喷水，以保持空气湿润，冬季则应控制浇水。

（5）施肥　在生长旺季宜每半月施一次稀薄的复合肥或腐熟饼肥水，冬、秋季节则应尽量少施肥或者停止施肥。

（6）繁殖　白鹤芋常用分株法进行繁殖。一般在早春换土时进行，可将株丛基部的根茎切开，每一小丛保留至少 3 个茎和芽，并多保留些根群以促使新株成活。

（7）修剪　白鹤芋的根系过长、过密时，要及时将老根剪除，长根修短。花期过后应带花将枝修剪掉，避免植株下垂影响美观。

（8）布置摆放　白鹤芋花茎挺拔秀美，盆栽尤适于点缀客厅、书房，高雅别致。此外，其花也是极好的花篮和插花的装饰材料。

四、"赶走异味"的平安树

平安树又名红头屿肉桂、红头山肉桂、芳兰山肉桂等。常见品种有白芽肉桂、红芽肉桂、清化肉桂、锡兰肉桂等。平安树植株较高，树干挺拔直立，树皮黄褐色；叶片多对生，卵形或卵状长椭圆形，叶片硕大，表面亮绿色，有金属光泽，背面灰绿色；叶柄粗壮，红褐色至褐色；花小，呈黄绿色；核果紫黑色，卵球形，图 7-13 所示为平安树盆栽。

1. 环保功效

平安树植株高大，绿叶繁茂，不但能吸收二氧化碳，释放出大量氧气，同时还能使室内空气中的负离子含量增加和空气湿度提高，能够较好地改善室内的空气质量。平安树的叶片能散发出含有桂皮油的香味，可祛除异味及抗菌。

2. 养护指南

（1）择土　盆栽宜采用疏松透气、排水通畅、富含有机质的肥沃酸性培养土或腐叶土，并于每年春季更换盆土一次。

图 7-13　平安树盆栽

（2）光照　平安树性喜温暖湿润、阳光充足的环境，喜光又耐阴。

（3）温度　室温在 20～30℃最适宜平安树生长，越冬温度不应低于 5℃。

（4）浇水　平安树要经常保持盆土湿润，但忌涝。生长季节应多浇水，入秋后则应控制浇水，冬季则应多喷水，少浇水。

（5）施肥　平安树喜肥，在生长季节可每月追施一次稀薄的饼肥水或肥矾水，入秋后应连续追施 2 次磷钾肥，冬季则应停止追肥。

（6）繁殖　平安树多用扦插方法进行繁殖。扦插繁殖多于春、夏二季进行，可选择生长健壮的一年生嫩枝，截成 2～3 节长，每节 15～18cm 枝段做插穗。插穗下端切口成斜形，上端切口与主干垂直，嫩枝插条顶端留 3～4 片叶，并将每片叶剪去 4/5。切好后的插穗插于事前准备好的基质中，约 30 天可成活。

（7）修剪　只需定时修剪过密枝、徒长枝、枯枝。

（8）布置摆放　平安树植株高大，枝叶葱郁，充满生机，为优良的观叶植物，可摆放在厅堂、客厅、过道、门厅、会议室、阳台等处。

五、"吸毒上瘾"的红掌

红掌又名安祖花、花烛、火鹤花。常见品种有金粉、粉冠军、阿拉巴马、糖果、亚利桑那、安托洛尔等。图 7-14 所示为红掌盆栽。

红掌株高 50～80cm，肉质根茎，长柄心叶从根茎中抽出，叶面鲜绿色，叶脉凹陷，花色大多为鲜红色，也有白色或粉色品种。

1. 环保功效

红掌对甲醛、苯、二甲苯和三氯乙烯等有害气体有较强的吸收能力，对氨气有一定的吸收能力，可净化空气，提高环境质量。

家庭养花

图 7-14　红掌盆栽

2. 养护指南

（1）择土　红掌喜排水性佳、疏松、透气好、保肥性强、富含腐殖质的砂质壤土。

（2）光照　红掌喜暖，喜半阴，忌阳光直射，春、夏、秋三季适当遮阳。

（3）温度　红掌适温 20～30℃，最低不得低于 13℃。

（4）浇水　红掌喜湿，生长期每 3 天浇水一次，并定时对叶面喷水，冬季浇水遵循"不干不浇"原则。

（5）施肥　红掌不喜肥，生长期每周施肥一次，肥料为红掌专用肥料或者矾肥水。

（6）繁殖　红掌可采用分株繁殖法，先在盆底垫入一层直径 4～5cm 大的碎石，然后添加 2～3cm 的培养土，将带有 3～4 片真叶和气生根的侧株放入盆正中，舒展根茎后继续添加培养土至距盆缘 2～3cm。

（7）修剪　红掌叶片不宜过多，每株只保留 4 片叶子即可。此外，还应及时将已经发黄、发枯的老叶剪掉。

（8）布置摆放　红掌的中大型盆栽可摆放在客厅、卧室的窗台或边桌上，小型盆栽可摆放在与床头保持距离的搁架、书桌、电脑桌等处。

六、"空气过滤器"的吊兰

吊兰又名盆草、钩兰、桂兰、吊竹兰、折鹤兰。常见品种有金边吊兰、金心吊兰、银心吊兰、宽叶吊兰、中斑吊兰、乳白吊兰等。吊兰的须根肥大，簇生圆柱形；叶子多为条形和条状披针形，狭长且触摸感觉柔韧。图 7-15 所示为吊兰盆栽。

153

图 7-15　吊兰盆栽

1. 环保功效

居室内摆上一盆吊兰，可吸收室内的一氧化碳、二氧化碳、二氧化硫、氮氧化物等有害气体，起到空气过滤器的作用。

2. 养护指南

（1）择土　盆栽吊兰盆土可用腐叶土、泥炭土、园土和河沙等混合制成，盆土应 2～3 年更换一次。

（2）光照　吊兰性喜温暖湿润、半阴的环境。

（3）温度　吊兰盆栽室温在 10～24℃ 最适宜其生长，越冬温度不应低于 12℃。

（4）浇水　吊兰喜湿润环境，在日常养护过程中要注意保持盆土湿润，夏季浇水要充足，中午前后及傍晚要常向叶片喷水以增加植株周围的空气湿度。

（5）施肥　在日常养护过程中，施肥宜选用氮肥，在生长季节每半个月施肥一次。

（6）繁殖　吊兰一般采用分株法和水培法进行繁殖。

① 分株法。选取匍匐枝上的长势较好的新苗用利刀剥下，种植在事先准备好的基质中即可。

② 水培法。选取健壮枝条，事先剪掉老的枝叶和根，放在注入清水的器皿当中。

（7）修剪　吊兰因缺水导致枯萎时，只需将干枯的部分修剪掉。吊兰枝叶过长时进行短截，匍匐茎发黄时将其剪掉。

（8）布置摆放　吊兰一般适合放在客厅、卧室、厨房等位置。

七、"吸附毒气"的富贵竹

富贵竹又名万寿竹、开运竹、富贵塔等。常见品种有绿叶、银边、金边和银心等。富贵竹植株高约 1m，株态玲珑，茎干高挺粗壮；叶片浓绿，呈披针形，图 7-16 所示为富贵竹盆栽。

图 7-16　富贵竹盆栽

1. 环保功效

富贵竹能大量吸附空气中的有害气体，并释放出大量氧气，对室内空气的净化、消除异味等较有益。富贵竹作为水养植物，水分可自由蒸发，在调节空气湿度方面具有明显的作用。

2. 养护指南

（1）择土　富贵竹喜阴湿，盆栽宜选择排灌方便、土壤疏松肥沃的水稻田栽培为宜。盆栽可用腐叶土、菜园土和河沙等混合配制而成，也可用椰糠和腐叶土、煤渣灰加少量鸡粪、花生麸、复合肥混合作培养土。

（2）光照　富贵竹性喜阴湿高温，喜半阴的环境。

（3）温度　富贵竹喜室温在 20～28℃最为适宜，越冬温度不应低于 2℃。

（4）浇水　生长季节应保持盆土湿润，夏季应常向叶面喷水，以保持植株周围的空气湿度。入冬则须适当控水，但要经常向叶面喷水。

（5）施肥　富贵竹喜肥，但不耐生肥和浓肥，水养富贵竹宜每隔 3 周左右向瓶内注入几滴白兰地酒或其他营养液。此外，在春、夏、秋三季每半月施用一次经腐熟发酵的芝麻酱渣水，冬季则一般不施肥。

（6）繁殖　繁殖富贵竹主要用扦插法，一般多选择春季进行，先截下茎干，剪成 5～10cm 不带叶的茎节做插穗，插于洁净的粗河沙中，浇透水，用塑料袋罩住，一月左右可生根。

155

（7）修剪　富贵竹修剪时注意其须不能剪掉，否则不能活长久。另外，对栽培多年的植株，分枝过多过长时，应及时进行疏剪，以利株形整齐，并能显示出竹子的挺拔潇洒、刚健有力的神韵。

（8）布置摆放　富贵竹茎干挺拔，叶子翠绿细长，冬夏常青，可盆栽或剪取茎干瓶插或制造成富贵竹塔，层次错落有致，造型高贵典雅。可长期摆放在客厅、卧室、门厅等处，也可摆放在办公场所。

八、"吸收三氯乙烯"的雏菊

雏菊又名太阳菊、白菊、春菊、延命菊。目前我国只有一个雏菊品种。雏菊株高15～20cm，匙形叶基部粗壮，花瓣为条形舌状，花色有白色、粉色、红色等。图7-17所示为雏菊盆栽。

图 7-17　雏菊盆栽

1. 环保功效

雏菊能吸收并分解家电、墨盒、洗涤剂散发的三氯乙烯等有害气体。

2. 养护指南

（1）择土　雏菊喜肥沃疏松、湿润、排水性佳、富含腐殖质的土壤，可使用泥炭土。

（2）光照与温度　雏菊喜充足阳光，较耐寒，不耐热、水湿，夏季应遮阳通风，适温18～25℃。

（3）浇水　定植后每7～10天浇水一次，冬季保持盆土湿润，但盆内不能积水。

（4）施肥　生长期每2～3周施肥一次，开花期和10月停止施肥，肥料中的氮和氨不宜过多。花谢后施一次氮肥，花前施一次磷钾肥。

（5）繁殖　雏菊多采用播种繁殖法，在9月将种子点入基质中，覆土后保持基质湿润，并适当遮阳。长出幼苗后将遮阳物拆除，待幼苗长出2～3片叶时裸根分植，长出3～4片真叶时带土球移栽。

（6）修剪　平日应及时将雏菊的枯叶、黄叶摘除。

（7）布置摆放　雏菊可摆放在窗台、阳台等阳光充足处，也可栽种于庭院之中。

九、"吸收甲醛"的芦荟

芦荟又名卢会、讷会、象胆、奴会、劳伟。常见品种有库拉索芦荟、元江芦荟、中华芦荟、斑纹芦荟、好望角芦荟等。芦荟昧披针形或短宽肉质叶簇生茎顶或底座，叶缘有锯齿，叶色有绿、蓝绿、灰绿等，图 7-18 所示为芦荟盆栽。

图 7-18　芦荟盆栽

1. 环保功效

在 24h 不间断照明下，芦荟能吸收 90％ 的甲醛，对二氧化硫、一氧化碳等有毒气体和有害微生物也有吸收并杀灭的作用。芦荟在夜间能吸收二氧化碳、释放出氧气。

2. 养护指南

（1）择土　芦荟喜疏松、排水良好、富含腐殖质的砂质壤土。

（2）光照与温度　芦荟喜温暖，喜充足阳光，忌阳光直射，不耐寒，适温 15～25℃。

（3）浇水　生长期需充足水分，盆土下 1～2cm 发干后浇一次透水，但不能积水，冬季盆土保持微湿。

（4）施肥　春秋施肥量和次数适当增加，夏季减少施肥量和次数，冬季停止施肥，肥料以有机肥为宜，每半个月施肥一次。

（5）繁殖　芦荟使用扦插繁殖法，将健壮的枝叶剪下后，放置阴凉处将伤口晾干收缩，再将枝叶插入基质中，定时浇水。

（6）修剪　定植后芦荟的嫩根发芽后，将芽以下的部分剪掉；芦荟生长过于旺盛，将多余的叶片剪掉作为插穗。

（7）布置摆放　芦荟可摆放在阳台、窗台、书桌、卧室等处，也适合庭院栽种。

十、"黑夜天使"的水塔花

水塔花叶片青翠有光泽，丛生的莲座状穗状花序直立。苞片粉红色，花冠朱红色，花期长，可达 4 周左右，图 7-19 所示为水塔花盆栽。

图 7-19　水塔花盆栽

1. 环保功效

水塔花在夜间能吸收大量二氧化碳，释放出大量新鲜的氧气，能增加室内负离子浓度。

2. 养护指南

（1）温度　水塔花喜温暖湿润、半阴环境。生长期可摆放在室内光线明亮区，但需避开中午的强光，特别是夏季的强光更需要遮阳。冬季的室温应保持在 $10\sim15℃$，不得低于 $5℃$，并摆放在室内阳光充足区，多接受阳光照射。

（2）浇水　水塔花平时盆土要保持湿润，当盆土表面露干即应浇水。水塔花的叶基部互相紧密抱合成空心筒状，能储水而不漏，这也是水塔花名称的来源，因此在生长期叶筒内须灌水储满，有利吸收。但叶筒内储的水，时间不宜过长，否则会发臭，一般约半个月换清水 1 次。冬季叶筒内保持微湿即可。夏季和气温干燥时，还要经常向叶面喷水，保持较高的空气湿度，但盆土不得积水，否则易烂根或整株死亡。

（3）施肥　水塔花生长期约半个月施稀薄肥 1 次，开花前增施 $1\sim2$ 次磷、钾肥，能使花的色彩鲜艳，枝叶挺拔。花后有短暂的休眠期，停止施肥。

（4）换盆　水塔花每年换盆 1 次。生长期部分筒叶干枯时应及时除去，保持株形美观

家庭养花

158

整洁。

（5）土壤　水塔花喜含腐殖质丰富、排水良好的酸性砂质壤土。盆土用腐叶土6份和园土、黄沙各2份混合配制成的培养土。

（6）繁殖　水塔花常用分株法。春季结合换盆进行，母株开花后即枯死，换盆时将母株切除，以便萌发新芽。同时将株丛基部的萌蘖芽切割下来，插入盆内，浇水后置于蔽阴处，经4～6周即可生根。

（7）布置摆放　水塔花叶为中、小型盆栽花木，适宜摆放在客厅、卧室。

第三节　活氧杀菌的健康花草

在室内花草中，除了能够监测空气污染的花草和净化空气的花草外，还有一类花草可以有效地对室内空气进行活氧杀菌，这类花草能够为住房营造一个浓缩的"大自然环境"，让人们更加健康地呼吸新鲜空气。

一、"吸附粉尘"的君子兰

君子兰又名大叶石蒜、达木兰等，君子兰属石蒜科，多年生草本植物。图7-20所示为君子兰盆栽。

图7-20　君子兰盆栽

1. 环保功效

君子兰的株体，尤其是宽大肥厚的叶片，遍布气孔、茸毛，会分泌大量黏液，吸收粉尘、灰尘和有害气体，过滤室内空气，减少室内空间的含尘量，使空气洁净。

2. 养护指南

（1）温度　君子兰的生长温度应控制在15～25℃，10℃的时候生长困难，低于0℃会冻伤，因此，在冬季要做好对君子兰的保温防冻工作。抽出花茎后，18℃左右的温度最好，温度过高花小质差，花期短；温度过低容易夹箭开花，降低观赏性。

（2）浇水　一旦发现半干就要浇一次水，但不要过量，保持土壤湿润不潮湿。通常情况下，春季每天1次；夏季每天2次；秋季隔天1次；冬季最多每周1次。当然，具体视情况而定，总之，保证盆土湿润，不过干、过潮即可。

（3）施肥　在不同的生长阶段，君子兰对养分的需求量各不相同。春、冬两季最好施些磷、钾肥，如骨粉、鱼粉、麻饼等，这是为了更好地形成叶脉和提高叶片的光泽度；而秋季施豆饼的浸出液，用30～40倍清水兑稀后浇施，或者施用腐熟的动物角、毛、蹄，有利于叶片生长。

（4）土壤　君子兰对土壤的要求是：腐殖质丰富、土质肥沃、渗水性好、透气性好、具微酸性（pH6.5），在腐殖土中渗入20％左右砂粒，有利于养根。

（5）繁殖　君子兰的繁殖方法有分株法和播种法。分株时间是每年4～6月，分切腋芽栽培，分割时全盆倒出，慢慢剥离盆土，不要弄断根系。切割腋芽，最好带2～3条根；切后需在母株及小芽的伤口处涂杀菌剂。幼芽上盆后，要控制浇水，放在遮阴处，半个月后正常管理即可。

二、“为空气加氧”的散尾葵

散尾葵为棕榈科，属常绿大灌木，又名黄椰子、凤尾竹等。散尾葵婀娜婆娑、形态优美，又因为它较耐阴，极具南方风韵，容易管理等优点，所以在北方的室内美化植物选择上，散尾葵是应用最多的植物品种之一。图7-21所示为散尾葵盆栽。

1. 环保功效

散尾葵蒸腾力强，每天可蒸发1L水，被誉为室内“天然的增湿器”，既增加湿度，又添加室内负离子浓度，有益人们身体健康。

2. 养护指南

（1）温度　散尾葵喜高温，能在多湿和半阴环境中生长，不能强光曝晒，耐寒能力较差。

（2）浇水　散尾葵盆土要保持湿润，但不能有积水，生长旺盛期需经常向叶面喷水。

（3）施肥　散尾葵叶片不多，需勤施肥。氮肥为主，辅以磷钾肥，每半月浇一次液态肥，或者每月施1次固态肥料即可。但冬季可暂停施肥。

（4）冬季养护　在冬季，散尾葵的生长环境需要阳光充足，盆土间干间湿，要经常向叶面喷少量的水分，保持叶面整洁。室温最好10℃以上，低于5℃影响植株生长。

（5）土壤　散尾葵对土壤要求：疏松、腐殖质丰富，需要砂质土壤。盆土是园土、腐叶土各4份和黄沙2份混合配制成的培养土。

（6）繁殖　散尾葵的种子得之不易，一般用分株繁殖。3年以上的散尾葵盆栽可分株，选好萌蘖苗多的母株，挖出来进行切割，一丛盆栽最少2个萌蘖苗。

（7）换盆与修剪　老株约3年换盆，春季换盆可结合分株繁殖进行。大型散尾葵在春季换盆时，要疏剪枯枝残叶，将密丛抽稀，使整株通风透光。

家庭养花

图 7-21　散尾葵盆栽

三、"提神醒脑"的茉莉花

茉莉花又名抹厉、末利花、茉莉。常见品种有单瓣茉莉、双瓣茉莉、多瓣茉莉等。盆栽茉莉花株高 1m 左右，藤本状枝条细长，卵形叶片对生，叶柄被有茸毛，聚伞状花序顶生或腋生，花冠和花瓣均为白色，香气沁腑。图 7-22 所示为茉莉花盆栽。

图 7-22　茉莉花盆栽

1. 环保功效

茉莉花的香气浓郁，可分泌芳香挥发油，能杀灭某些病原菌，还能吸附空气中的异味，除此之外，茉莉花香还可令人提神醒脑，平复情绪。

2. 养护指南

（1）择土 茉莉花对土壤的要求：富含有机质、微酸、透气性好、排水性佳的微酸性土壤，可用园土、腐叶土、泥炭、腐殖的有机肥和河沙配制而成。

（2）光照 茉莉适合在半阴的环境中生长，温暖湿润，通风良好即可。

（3）温度 茉莉花温度在 22～35℃ 中生长较好。温度低于 3℃ 时，枝叶会冻害，如持续时间长就会死亡。

（4）浇水 茉莉花喜湿，忌涝旱。在生长期内，春季 2～3 天浇 1～2 次，夏季早晚各 1 次，秋季 1～2 天浇 1 次，冬季控制浇水量，浇水时应一次浇透。

（5）施肥 在茉莉花发新梢的时候，需每周 1 次稀薄液肥，孕蕾期每周 2 次磷钾液态复合肥，但生长旺期应该控制氮肥量。

（6）修剪 换盆之前把茉莉枝条短截至 10cm，剪掉病枯枝、纤弱枝，在生长期内疏剪过密的老叶，开花后剪去残花。

（7）繁殖 茉莉花的繁殖法主要是扦插法，5 月上旬把嫩枝截成 8cm 一段，插穗下端保留 2cm 老茎，顶部只留 1～2 对叶片。把插穗插入疏松的基质中，稍压实后浇透水，放在隐蔽通风处，期间保持盆土湿润即可。3 周后生根时施稀薄的液肥，给予适当的光照，2 个月后上盆移栽。

（8）布置摆放 盆栽茉莉花适合摆放在阳台、门厅等通风、光线较好的地方。

四、"家庭氧吧"的火轮凤梨

火轮凤梨为多年生草本观赏植物，高度 5～40cm 不等。茎短，叶硬，呈莲座状叶丛，叶片基部多数种类相互紧叠，中心呈杯状形成一个不透水的组织，承担着"储水器"的作用。叶色多为绿色，部分具有红、黄、白、绿、褐、紫等色彩相间的纵向条纹或横向斑带。花序五彩缤纷，一部分小花常被美艳的苞片包着，有红、橙、粉、黄、绿、蓝、紫等单色或混合色，花期可长达 2～6 个月之久。图 7-23 所示为火轮凤梨盆栽。

1. 环保功效

火轮凤梨株形美丽多变，姿态优雅别致，花形各异，色彩绚丽。革质叶片的色泽绚丽多彩，花朵更是千姿百态，其花、叶都仿佛涂了一层蜡质，柔中带硬而富有光泽。是观叶植物中的上品。因其苞片绚丽多彩，被视为"吉祥和兴旺"的象征。

火轮凤梨夜间释放氧气。大多数植物的叶片白天进行光合作用，到了晚上气孔关闭，植株进入睡眠状态，而凤梨科植物则正好相反，因此，居室摆放一盆火轮凤梨，就意味着拥有一个"家庭氧吧"。火轮凤梨还可增加空气湿度，提高空气中的负离子含量。火轮凤梨应置于有散射光照的客厅或卧室半阴通风处。

图 7-23 火轮凤梨盆栽

2. 养护指南

（1）温度 火轮凤梨生长适温 21～28℃，冬季室温应在 10℃以上。放在光线明亮处养护，忌阳光直射。

（2）浇水 火轮凤梨忌用含高钙、高钠盐的水浇灌。水的 pH 值应在 5.5～6.5。平时应保持"叶杯"内有水，每天向叶面喷雾 1～2 次，冬季温度偏低应少喷水。

（3）施肥 火轮凤梨喜高湿环境，空气湿度宜维持在 60％～80％。每 10d 需向"叶杯"内施肥料。肥料适宜的氮、磷、钾比例为 1∶0.5∶1。硫酸镁的含量以 3％为佳。肥液 pH5.5～6.0，浓度 0.5％～1％。

（4）土壤 火轮凤梨盆栽基质可用泥炭土、珍珠岩、粗砂以 4∶3∶3 的比例混合配成。

（5）上盆 火轮凤梨上盆栽植深度以基质不进入"心部"为好，宜用小盆、浅盆栽植。

（6）繁殖 火轮凤梨可通过播种、分株等方法繁殖。

① 种子繁殖。火轮凤梨因种苗生长缓慢、长势较弱，一般要栽培 5～10 年才能开花，除育种外一般不用此法，家庭栽培常采用分株繁殖的方法。

② 分株繁殖。火轮凤梨花谢后，基部叶腋处会产生多个吸芽。通常以 4～6 月为分株的适宜时期。待吸芽长至 10cm 左右、有 3～5 片叶时，先把整株从盆中脱出，除去一些盆土，一手抓住母株，另一只手的拇指与食指紧夹吸芽基部，斜下用力即可把吸芽掰下来。伤口用杀菌剂消毒后稍晾干，扦插于珍珠岩、粗沙床中。保持基质和空气湿润，适当遮阳，过 1～2 个月有新根长出后，可转入正常管理。但应注意，吸芽太小时扦插易腐烂，不易生根；太大时，消耗营养太多，降低繁殖系数。

五、"吸废迎新"的绿巨人

绿巨人为多年生常绿草本，原产哥伦比亚等南美洲地区原生热带雨林中，是我国近年来引进并颇受养花者喜爱的新花种，已成为大量南花北调的新花卉之一，现在我国许多城市均有栽种。绿巨人的叶型优美，花朵洁白，观赏性强，图 7-24 所示为绿巨人盆栽。

图 7-24　绿巨人盆栽

1. 环保功效

绿巨人的蒸发量较大，可提高室内的湿度。绿巨人对氨气和丙酮有较强的抑制能力，还可过滤空气中的苯、三氯乙烯及甲醛等有害气体。

2. 养护指南

（1）环境　绿巨人对光照很敏感，喜半阴，怕日晒，摆放在散射光亮处即可正常生长。绿巨人长期放在过于阴暗处，不仅生长衰弱，缺乏生气，而且不易形成花芽并开花，降低观赏效果，故应经常给以其一些散射光，以保证其健康成长。

（2）浇水　由于绿巨人的叶片硕大，根系发达，故宜选用深筒花盆。它的吸水吸肥能力强，必须有充足的水分供给，稍一缺水就会出现萎蔫。如果缺水严重，一旦叶片枯焦，植株就会难以恢复，所以在养护时要特别注意有充足的水分供给，并保持空气的湿度，在夏秋的高温季节，还要经常向叶面喷水，起到降温保湿的作用，这才有利于保持叶片的清新油绿。

（3）施肥　绿巨人所需营养较多，一般每半个月要施 1 次稀薄的饼肥水。长期放室内养护时，最好施用复合肥，以此促使植株生长健壮，叶色光亮。

（4）盆土　绿巨人选择盆栽时，可用腐叶土、泥炭土，再加少许河沙、珍珠岩等混合配制成培养土，另加少量骨粉、腐熟的禽畜粪干或腐熟的豆饼等做基肥，最好能增施草木灰等钾肥以助生长，使茎、叶挺立青翠，不致倒伏。

（5）换盆　为保持绿巨人植株匀称，每隔半个月要转动一次花盆，以防植株长偏。绿巨人的萌蘖力强，宜在每年的早春时换一次盆。

（6）繁殖　绿巨人常用分植方法进行繁殖。分株宜在开花后进行，分株时将整株从盆内托出，从株丛基部将根茎切开，每丛至少要有 3～5 枚叶片。栽后要浇足定根水，用塑料薄

家庭养花

膜遮盖保湿，置于无阳光直射处。然后加强水肥管理，约 3 个月后即可上盆移栽。按该办法处理，一年龄植株可以繁殖 10～13 株。除此而外，还可以用播种和组织培养方法进行繁殖。

六、"杀菌能手"的石竹

石竹为石竹科石竹属多年生草本植物，茎由根茎生出，直立丛生有分枝。叶片线状披针形，顶端渐尖，花单生枝端或数花集成聚伞花序，花色有白、橙、黄、粉、蓝、红、粉红、大红、淡紫、紫等，图 7-25 所示为石竹盆栽。

图 7-25　石竹盆栽

1. 环保功效

石竹可以吸收二氧化硫、氯化物等，其叶与根部的气孔可以吸收对人体有害的物质，并将这些有害物质转化为氧气、糖和各种氨基酸。而且其还能散发一股淡淡的香味，产生挥发性油类，具有显著的杀菌作用，可以对结核杆菌、肺炎球菌、葡萄球菌起到抑制作用，让家人远离病菌，常保健康。

2. 养护指南

（1）光照　石竹在生长期内，必须保证光照充足，但夏季要避免烈日暴晒。

（2）温度　温度应保持在 15～20℃。冬季把石竹移居温室，温度高时要遮阴、降温。

（3）浇水　石竹浇水应掌握不干不浇。当株高 10cm 时再移栽 1 次。秋季播种的石竹，11～12 月浇防冻水，第二年春天浇返青水。

（4）施肥　石竹在整个生长期要追肥 2～3 次复合液肥或稀薄饼肥。

（5）土壤　石竹要求肥沃、疏松、排水良好及含石灰质的壤土或沙质壤土。

（6）繁殖　石竹常用播种、扦插和分株繁殖。种子发芽最适温度为 21～22℃。播种繁殖一般在 9 月进行。

（7）布置摆放　石竹适合摆放在欧式古典风格或者温馨柔和的现代风格的家居中，可置于花园、阳台、卧室等地，别有一番雅致的感觉。

七、"吸碳释氧"的铃兰

铃兰又名风铃草，君影草、山谷百合，为百合科铃兰属多年生草本植物，是铃兰属中唯一的种。铃兰花气味甜，但是有很大的毒性，图 7-26 所示为铃兰盆栽。

图 7-26　铃兰盆栽

1. 环保功效

铃兰能吸收空气中二氧化碳，并释放氧气，为室内的空气增加负离子，还可以截留和吸纳空气中的漂浮微粒和烟尘，减少污染。铃兰的浓郁香气产生的挥发性油类物质具有明显的杀菌作用，对结核杆菌、肺炎球菌和葡萄球菌的生长繁殖有抑制的功能。

2. 养护指南

（1）光照　适宜放在背风处，适量浇水放在阴暗处，10～15 天以后，再移至向光处。

（2）温度　铃兰适宜温度为 12～14℃，室温可保持在 20～22℃。

（3）浇水　一般情况下，每天浇水 1～2 次，生长期根据土壤、天气情况适当补充水分。

（4）施肥　10～15 天施一次复合液肥或稀薄饼肥，每次浇水施肥后要及时除草。

（5）土壤　土质疏松、肥沃、排水良好即可。

（6）繁殖　铃兰常用繁殖方法是分株和播种。分株用根状茎或幼芽，分株时间在秋季，地上部分枯萎后，掘起根部，将带有一段根状茎的顶芽剪下，单独种植即可。

（7）布置摆放　铃兰小巧精致，叶子青翠欲滴，花色洁白如玉，可以作为盆栽观赏，适合放在茶几、角柜、花架、桌子上作为家具的点缀。

八、"沁人心脾"的桂花

桂花为木犀科木犀属常绿乔木或灌木。其树皮灰褐色，小枝黄褐色。叶片椭圆形、长椭圆形或椭圆状披针形。聚伞花序簇生于叶腋，花冠黄白色、淡黄色、黄色或橘红色，图7-27所示为桂花盆景。

图 7-27　桂花盆景

1. 环保功效

桂花具有浓郁又不失淡雅的香味，闻到桂花香味总使人有一种说不出来的静心感觉，很多人会选择它种植，因为可以净化房内的空气，也可以抵制葡萄球菌、结核杆菌、肺炎球菌的侵蚀，对人的身体健康有极大好处。

2. 养护指南

（1）光照　桂花喜阳光，耐高温、耐寒。在生长期中，应置于背风向阳处养护。6～8月是桂花花芽分化形成期，每天如能给足10h左右的充足阳光，可促进孕蕾及提高开花率。

（2）温度　桂花喜温暖湿润的环境，最适合生长气温是15～28℃，冬季能耐最低气温−13℃而且生长良好，夏季气温不要超过35℃。

（3）浇水　桂花喜欢高温、干燥，所以浇水一定要掌握"二少一多"的原则，也就是新梢萌发前要少浇，阴雨天也少浇，夏秋季干旱要多浇，而平时浇水则以保持土壤含水量

50%左右为好。

（4）施肥　桂花喜欢有机肥。一般桂花春天发芽以后每隔10天左右施一次充分腐熟的稀薄饼肥水。7月以后施复合有机肥最佳。

（5）土壤　桂花喜欢微酸性的土壤，所以盆土可用腐殖土或泥炭、园土、沙土或河沙（比例为5∶3∶2）混合。

（6）繁殖　桂花可用播种法、嫁接法、扦插法、压条法等方式进行繁殖。

（7）布置摆放　盆栽桂花可放在阳台养护，既可以充分接受光照，又为家中增添一抹天然的香味。而在冬季搬入室内也只需置于散光照射处，放在客厅、卧室、餐厅均可。

九、室内"护卫"的非洲紫罗兰

非洲紫罗兰又名草桂花、香瓜球、非洲堇等。近一个世纪以来，非洲紫罗兰的名声经久不衰，在国际花市中一直名列前茅。非洲紫罗兰植株矮小，花瓣、花型各有不同，花色有白、红、青、紫、浓紫等色。图7-28所示为非洲紫罗兰盆栽。

图 7-28　非洲紫罗兰盆栽

1. 环保功效

非洲紫罗兰散发的香气有明显的杀菌作用，对结核杆菌、肺炎球菌和葡萄球菌有明显的抑制作用，起到净化空气，杀死病菌的作用。

2. 养护指南

（1）光照　光照充足即可。如果在书桌前用植物灯补充光线，可以延长花期。

（2）温度　非洲紫罗兰的适宜温度白天为22～25℃，夜间18℃左右，低于16℃生长缓慢，10℃以下会冻伤。

（3）浇水　生长期不能浇水过勤，但要保持湿度。

（4）施肥　非洲紫罗兰需肥较大，10～20天补充液肥一次，应少量多次；进入花期时应补充磷钾肥，氮肥不能太多，会影响叶子开花。

（5）土壤　非洲紫罗兰需要肥沃、排水良好、疏松湿润、中性或微酸性的土壤。

（6）繁殖　繁殖非洲紫罗兰多用组织培养法，较先进且快速。

（7）布置位置　以盆栽为多见，可布置于室内的书房、窗台、卧室的茶几上，也可放在客厅。

【知识链接】

非洲紫罗兰的观赏与应用

非洲紫罗兰是欧洲名花之一，除可观赏外，它还被用于礼仪交际上，如意大利人就十分喜欢它，在欧洲有"永恒"的寓意。

在宴会上，常用非洲紫罗兰为摆花，表示"纯洁的友谊"。非洲紫罗兰与百合配置献给导师，显示师生之间有亲密的友谊。非洲紫罗兰色彩丰富，是布置花坛的理想花草。现在，非洲紫罗兰也作为美化居室、办公环境的优秀小型盆栽花卉，深受人们的喜欢。

非洲紫罗兰色彩极美丽，且轻巧袖珍，用小盆栽植较方便，做环境布置极其理想。

十、"杀菌于无形"的含笑花

含笑花是常绿灌木，叶绿光亮，花具有香蕉味，花开时呈半开状下垂，既含羞又似笑非笑，招人爱怜。含笑花原产中国华南南部各省区，广东鼎湖山有野生，生于阴坡杂木林中。图 7-29 所示为含笑花盆栽。

图 7-29　含笑花盆栽

1. 环保功效

含笑花能吸收氯气，花卉散发挥发性芳香油，能对肺结核杆菌、肺炎球菌起到抑制作用。

2. 养护指南

（1）光照　含笑花喜半阴怕强光暴晒，喜温暖、湿润气候，较耐寒。室内盆栽可摆放在散射光较多的光线明亮区。夏季要适当遮阳，避免强光直射。

（2）温度　冬季室温宜保持在 5～15℃，温度过低易受冻害。受寒后可用塑料袋套盆，并摆放在室内阳光充足区养护。

（3）浇水　平时要保持盆土湿润，但决不宜过湿。因其根部多为肉质，如浇水太多或雨后盆涝会造成烂根，故阴雨季节要注意控制湿度。

（4）施肥　含笑花喜肥，在生长季节（4～9 月）每隔 15 天左右施一次肥，开花期和 10 月以后停止施肥。若发现叶色不明亮浓绿，可施一次巩肥水。

（5）土壤　含笑花喜深厚肥沃的微酸性土。盆土用腐叶土 6 份和园土、黄沙各 2 份混合配制成培养土。

（6）繁殖　含笑花常用扦插、压条方法。

① 扦插。花谢后进行软枝扦插，剪取 8～10cm 长枝条，上端叶片留下，插入盆土中，保持盆土湿润，遮阳，插后约 4 个月生根。

② 压条。梅雨季节进行高空压条，约 2 个月生根。

（7）布置摆放　含笑为室内中、小型盆栽花木，适宜摆放在客厅、卫生间。

十一、细菌"克星"的文竹

文竹又名云片竹，是多年生常绿草本，花色接近白色，结黑色种子，浆果呈球形。文竹神韵高雅，观赏性极高。图 7-30 所示为文竹盆栽。

图 7-30　文竹盆栽

1. 环保功效

文竹在夜晚能吸收二氧化碳、二氧化硫等有害气体。株体散出的气体具有杀菌抑菌的功能。

2. 养护指南

（1）光照　文竹不能拿到烈日下暴晒，炎热季节应放置于阴凉通风之处。同时，文竹开花期既怕风，又怕雨，要注意通风的良好，好天气时可适当置于室外接受阳光照射。

（2）温度　冬季室温保持在5℃左右，摆放在阳光充足区，可以安全越冬。

（3）浇水　平日浇水要干湿相间，不干不浇，浇则浇透，不能浇"半截水"，更不能长期过湿、积水，否则肉质根系生长不良并导致烂根。酷暑干旱季节除保持盆土湿润外，还要向枝叶及四周喷水。

（4）施肥　在春、秋生长期，每10天施1次肥，以氮、钾肥为主，花期前增施磷肥。夏季高温停止施肥，以免伤根。

（5）土壤　喜含腐殖质丰富而疏松、排水良好的土壤。盆土用园土、腐叶土各4份和黄沙2份混合配制成的培养土。

（6）繁殖　文竹土培常用播种、分株法，也可水培。其中的分株繁殖常结合春季换盆进行，挖出整株分成若干丛，分别盆栽，但分株所获苗株的株形常不端正，而且成活率低，较少采用。

（7）布置摆放　文竹以盆栽观叶为主，清新淡雅，布置书房更显书卷气息。稍大的盘株可置于窗台，大型盆株加设支架，使其叶片均匀分布，可陈设在墙角处。

 【知识链接】

如何水培文竹

水培文竹（图7-31）有两种方法。一是选取株形好、长势旺、大小合适的土培文竹，挖出整株通过洗根法并剪除烂根，然后定植于透明容器中，注入清水至

图7-31　水培文竹

第七章　健康花卉选育一点通

根系长的2/3，以后每2～3天换清水一次，换清水时检查是否有烂根，有烂根除去，待无烂根出现，清水改为5～6天换一次，2周后可长出水培根。二是将土培文竹根颈部的萌蘖，带有根系切割下来，用水冲洗后定植于容器中，2～3天换清水一次，很快长出水培根。水培根长出后改用观叶植物营养液培养，每月更换营养液一次，摆放在室内光线明亮区培养。

第四节　家庭常见的药用花草

花卉的种类成千上万，但并不是每一种都是能让人们健康的"绿色使者"。这些花卉中，哪种能治病疗疾、解除疲劳呢？我们将精心选择家庭常见健康花卉，并重点介绍每种花卉的保健功效和日常养护要点，让人们在对花卉付出关爱的同时也能收获属于自己的健康果实。

一、"凉血利尿"的吊竹梅

吊竹梅又名吊竹草、甲由草。常见品种有四色吊竹梅、异色吊竹梅、小吊竹梅、紫吊竹梅等。吊竹梅的叶子交互生长，没有叶柄，形状有椭圆形、卵圆形或者长圆形，表面紫绿色或杂以银白色条纹，叶背紫红色。茎叶呈肉质并且多汁，茎节有根。花是紫红色。图7-32所示为吊竹梅盆栽。

图7-32　吊竹梅盆栽

家庭养花

1. 保健功效

吊竹梅性甘、寒，有小毒，具有清热解毒、凉血、利尿之效，对治疗肺结核咳嗽咯血、咽喉肿痛、急性结膜炎、细菌性痢疾、肾炎水肿、尿路感染、白带等症有一定的辅助效果。

2. 养护指南

（1）择土　盆栽吊竹梅培养土可选择腐叶土、园土和河沙等混合配制而成。

（2）光照　吊竹梅喜半阴环境，光照不宜太强，且忌烈日暴晒，同时也不能长期置于阴凉的地方，最好置于散射光照射充足之处。

（3）温度　吊竹梅盆栽室温在 $10\sim25℃$ 最适合其生长，越冬时的环境温度不应低于 $5℃$。

（4）浇水　日常浇水应注意保持土壤湿度，应经常向叶片喷水，以保证适当的空气湿度。

（5）施肥　吊竹梅对肥料要求不是特别高，每半月施一次普通化肥即可满足植株的生长需求。

（6）繁殖　繁殖吊竹梅主要用扦插法。选取较健壮、长势良好的枝叶剪下来，每个插条至少留一个叶节，插入土壤中，其后注意保温，约 20 天可生根。

（7）修剪　应根据需要对枝蔓进行适当摘心、修剪、调整，使之分布合理、造型美观。如果植株的部分花叶有时变成绿色叶，应及时摘除，以免整株植物叶片全部变绿。

（8）布置摆放　吊竹梅植株小巧玲珑，枝条自然飘曳，叶面斑纹明快，叶色美丽清秀，非常适于美化卧室、书房、客厅等处，可放在花架、橱顶，或吊在窗前自然悬垂，观赏效果极佳。

二、"止血止痛"的天竺葵

天竺葵又名洋绣球、石蜡红、洋葵。常见品种有盾叶天竺葵、马蹄纹天竺葵、蝶瓣天竺葵等。天竺葵的叶子形状为掌状并且有长柄，叶子外缘为锯齿状，花冠长在挺直的花梗顶端，花色分为红、白、粉、紫等多种，图 7-33 所示为天竺葵盆栽。

1. 保健功效

天竺葵有止痛、抗菌、除臭、止血、补身之效，对治疗微血管破裂、疤痕、妊娠纹等有一定的辅助疗效。此外，以天竺葵为原料配置的天竺葵精油还有静心、美容、驱虫的辅助治疗功效。

2. 养护指南

（1）择土　盆栽天竺葵盆土宜选择排水良好、肥沃的沙土、砂壤土或珍珠岩等疏松透气的土壤，盆土宜每年 $8\sim9$ 月更换一次。

（2）光照　天竺葵生长期需要充足的阳光，因此冬季必须把它放在向阳处。光照若不足，茎叶徒长，花梗细软，花序发育不良，弱光下的花蕾往往花开不畅，提前枯萎。

（3）温度　天竺葵耐严寒，怕高温，室温在 $13\sim19℃$ 最适宜其生长，越冬温度保持在 $10\sim12℃$。

图 7-33　天竺葵盆栽

（4）浇水　天竺葵耐旱怕涝，夏季进入休眠期要少浇水，保持土壤湿润即可。春、秋生长期和开花期内则要多浇水，可在每天上午浇水一次。入冬后每周浇水一次。

（5）施肥　施肥时注意不可施太多氮肥。在春秋季节应每半月施肥一次，在花芽形成期直到开花期，7 天施一次磷肥。施肥后应及时浇水。

（6）繁殖　繁殖天竺葵常采用扦插法。一般多选择在春、秋两季进行，选取带顶芽先端大约 7cm 长枝条，剪去基部叶片，等切口干燥后，插入盆内，插好之后浇一次透水，半个月左右可生根，待根长到 3cm 左右可入盆。

（7）修剪　天竺葵一般每年至少修剪 3 次。3 月疏枝，5 月剪除已谢花朵及过密枝条，立秋后进行整形。整形一般选留靠近基部位置生长健壮、分布匀称的主枝 3～5 个，然后再对主枝及侧枝进行短截，使整个植株枝条分布均匀、紧凑，株形丰满矮壮。

（8）布置摆放　天竺葵全年开花不断，适合于餐厅、会场、厅室、阳台、窗台和案头等处摆放。

三、"清热利尿"的冷水花

冷水花又名花叶荨麻、白雪草。常见品种有泡叶冷水花、皱叶冷水花、银叶冷水花等。冷水花株高 30cm 左右，茎肉质，半透明，叶对生，呈椭圆形，叶色绿白分明，微下垂，叶面底色为绿色，叶子主脉间夹杂银白色的斑纹，图 7-34 所示为冷水花盆栽。

1. 保健功效

冷水花性淡、苦、凉，有清热利湿之效，对于黄疸、肺结核等症的治疗有一定效果。

家庭养花

图 7-34　冷水花盆栽

2. 养护指南

（1）光照与温度　冷水花喜较强的散射光，耐寒性不强，适宜温度在 15～25℃。

（2）择土　盆栽冷水花用土要求不严，可用腐殖土或泥炭土、珍珠岩和河沙及少量基肥混合配制，盆土宜每年开春更换一次。

（3）浇水　冷水花喜湿润环境，在 4～9 月生长旺季宜每天浇水一次，以保持盆土潮湿和较高的空气湿度。

（4）施肥　冷水花不宜过度施肥，在生长旺季宜每月施一次稀薄腐熟的有机肥，入秋后逐渐减少施肥次数，冬季则应停止施肥。

（5）繁殖　冷水花常用分株法和扦插法进行繁殖，多在早春换盆时进行。

① 分株。将株丛分割成几个小丛，每丛保留 3～5 株苗，多带根须上盆定植，置于阴凉处缓苗，1 个月左右可生根，此后即进行正常管理。

② 扦插。选取顶端枝条作插穗，插穗上要有 2～3 个芽，去掉基部叶片，将其插入沙或蛭石中，注意保持一定湿度，约经半月左右可生根，一月后即能上盆定植。

（6）修剪　冷水花耐修剪，在培养 2～3 年时应将生长较高的老枝从基部剪去，以保持株形美观。

（7）布置摆放　冷水花翠绿可爱，株形矮小，叶色青翠淡雅，可植于小盆之中置于花架、屋角、茶几或书桌之上，或用吊盆、吊篮悬挂室内，可尽显其秀丽幽雅之美。

四、"抑癌能手"的蒲葵

蒲葵又名葵树、扇叶葵、华南蒲葵，是棕榈科蒲葵属的多年生常绿乔木，基部膨大，叶片宽阔呈扇形，果实是椭圆形橄榄状。图 7-35 所示为蒲葵盆栽。

图 7-35 蒲葵盆栽

1. 保健功效

蒲葵的种子对癌细胞生长有抑制作用，可用于茸毛膜上皮癌、白血病、恶性葡萄胎、食道癌。蒲葵的根可制成注射剂治疗各种疼痛。

2. 养护指南

（1）选盆　栽种蒲葵最好选用泥盆或瓷盆，超过 10 年生的植株则可以栽植在木桶里料理。

（2）择土　蒲葵喜潮湿、有肥力且有机质丰富的黏重土壤。

（3）栽培　种子洗净放在砂质土壤一段时间，可提前发芽，挑出幼芽刚钻破种皮的种子入盆，浇透水。播种后 30～60 天，种子萌发，之后正常养护即可。

（4）光照　蒲葵的生长需要阳光充足，但不能直射久晒，否则叶片会焦枯。蒲葵也能在阴蔽环境中生长，注意通风即可。

（5）温度　蒲葵喜温，不耐寒冷，适宜温度是 20～28℃，能忍受 1～2h 的低温。

（6）浇水　蒲葵无法忍受干旱，喜欢潮湿的环境，但不能过于潮湿，会烂根。在生长鼎盛期，除了必要的浇水，还需要朝叶片表面喷洒清水。对于积水要及时排除，以免遭受涝害，冬天需控制浇水次数。

（7）施肥　蒲葵的生长鼎盛期是春天、夏天和秋天，此时每月 2 次主要施氮肥的液肥，或每隔 20～30 天施用 20% 充分腐熟的饼肥水，有利于植株生长。冬天不需要施肥。

（8）繁殖　蒲葵经常采用播种法进行繁殖，比较适合在春天到夏天进行。

（9）修剪　对成龄植株，重剪地上部分，剪掉基部已经老化的叶片，能使植株茎干升高，有利于通风透光，更有欣赏性。

（10）布置摆放　蒲葵是一种典型的观叶类植物，可盆栽摆放在客厅、书房。

五、"香气扑毒"的金银花

金银花又名忍冬、双花、金银藤等。常见品种有四季金银花、封丘金银花、山银花、红金银花、红腺忍冬、毛花柱忍冬、白金银花。金银花呈略微弯曲的棒状，唇形或筒状花冠，颜色先期白色，后期黄色，有短柔毛，图 7-36 所示为金银花盆栽。

图 7-36　金银花盆栽

1. 保健功效

金银花性寒，味甘，入肺、心、胃经，具有清热解毒、抗炎、补虚疗风的功效，主治胀满下疾、温病发热，热毒痈疡和肿瘤等症。对于头昏头晕、口干、多汗烦闷、肠炎、菌痢、麻疹、肺炎等病症均有一定疗效。

2. 养护指南

（1）择土　金银花喜疏松、排水性良好的沙质土壤，也可用腐叶土、园土、河沙、有机肥配制营养土。

（2）光照与温度　金银花喜光照，喜温暖、湿润，稍耐阴，较耐寒、耐热，生长适温在 $-30\sim30℃$。

（3）浇水　金银花耐旱、喜湿，生长期无需每天浇水，土壤湿度保持在 30％ 即可，炎热季节应防止土壤长期偏干。此外应注意的是，浇水时间选在早晨或傍晚。

（4）施肥　生长期施肥以氮肥为主，花叶分化期每月增施 1～2 次磷钾肥水，孕蕾期追施氮肥，花后追施 1～2 次有机液肥。

（5）繁殖　金银花多采用扦插繁殖法，从成株中取一节 10～15cm 长的健壮茎蔓，将其插入基质中 5～7.5cm，浇透水，繁殖期间基质保持湿润适中，每天早晚各喷水一次，20 天后生根。

（6）修剪　经常截短徒长的藤蔓，早春发芽后剪去枝条顶端，生长期摘除旺盛芽，对健壮枝摘心，花后对新梢进行摘心。

(7) 布置摆放　金银花可摆放在阳台、客厅、庭院等阳光充足的地方。

六、"止泻止咳"的胡颓子

胡颓子又名蒲颓子、半含春、卢都子、雀儿酥、甜棒子、牛奶子根、石滚子、四枣、半春子、柿模、三月枣、羊奶子。胡颓子是常绿直立灌木，幼枝微扁棱形，密被锈色鳞片，老枝鳞片脱落，黑色具光泽。图 7-37 所示为胡颓子盆栽。

图 7-37　胡颓子盆栽

1. 保健功效

胡颓子果味酸、涩，性平，可收敛止泻、止咳平喘，还可消食、止泻、止血。胡颓子根味苦、酸，性平，归肝肺、胃经，功能有活血止血、祛风利湿、止咳、解毒、敛疮等。

2. 养护指南

(1) 择土　胡颓子对土壤没有严格的要求，在中性、酸性及石灰质土壤中皆可正常生长，也能忍受贫瘠，在土层较厚、有肥力、潮湿、排水通畅的沙质土壤中长得最为良好。

(2) 选盆　栽种胡颓子适宜选用泥盆，因为泥盆的透气性较好。另外，花盆的体型宜偏大些，尤其是植株长成后或换盆时，可选用木桶栽种。

(3) 栽培　选取一颗饱满的胡颓子种子，用温水浸泡约 30min。将种子取出后再与粗沙混合促使其尽快萌芽，要令粗沙维持潮湿状态。经过 30 天左右，胡颓子便可萌芽。再过约 1 周的时候，便可将胡颓子幼苗移栽至盆中了。

(4) 光照　胡颓子喜欢阳光充足的环境，能忍受阳光久晒，也有比较强的忍受荫蔽的能力。

(5) 温度　胡颓子喜欢温暖，生长适宜温度是 24～34℃。它还有比较强的抵御寒冷的能力，在我国华北南部地区能露地过冬，能忍受 -8℃ 的低温。

（6）施肥　在植株的生长季节，要每半个月施用一次肥料，在炎夏到来之前还要施用3～4次液肥。

（7）浇水　胡颓子新种植的植株在春天要多浇一些水。5～7月浇2～3次水就可以。雨季要留意及时排除积水，防止植株遭受涝害。

（8）繁殖　胡颓子可采用播种法、扦插法及嫁接法进行繁殖。

（9）修剪　在胡颓子植株的生长季节，为了防止枝条长得过高，要在合适的时候对其采取摘心措施。花朵凋谢后要及时将一些老枝剪掉，以促进植株尽快分化花芽。冬天要适度疏除长得过于稠密的枝条，以改善通风透光效果。在春天植株萌动前可以适度进行修剪，把干枯枝及些老枝剪掉，然而要尽可能地将两年生的枝条留下。

（10）布置摆放　家庭用花盆种植时，可以长期把胡颓子置于房间里光线充足的地方养护，如阳台、窗台、天台等处。

七、"全身是宝"的枸骨

枸骨又名老虎刺、猫儿刺等，为常绿灌木或小乔木，它的叶片形状奇特，叶色碧绿光亮，四季常青，是很好的观叶、观果树种，在欧美国家常用于圣诞节的装饰，故也称"圣诞树"。图7-38所示为枸骨盆栽。

图 7-38　枸骨盆栽

1. 保健功效

枸骨的叶、果实和根都可入药，叶对于咯血和肺结核有治疗效果，而果实常用于慢性腹泻和白带过多，根可以治疗黄疸肝炎和风湿痛。对于枸骨的枝、叶树皮及果实都是滋补强壮药。

2. 养护指南

（1）选盆　选用排水性、透气性好的泥盆，尽量使用浅盆，盆底加碎盆片。

（2）择土　枸骨喜欢在有肥力、腐殖质丰富、土质松散且排水通畅的酸性土壤中生长，在中性和偏碱性土壤中也可以生长。

（3）栽培　梅雨季节时，先剪下长10～15cm的当年生的枸骨半木质化枝条作为插穗，留下4～6枚叶片。将插穗插到培养土里，插后留意遮蔽阳光和保持一定的湿度，经过30天左右便可长出根来，栽培1～2年后便能进行移栽。移植可于春天植株发芽前或立秋以后进行，而最好是在春天进行。种植后需浇足水，并在半荫蔽的地方摆放2～3周缓苗，等到植株的生长势头恢复后再转入正常料理。通常每2～3年要更换一次花盆，多于春天2～3月进行。

（4）光照　枸骨喜欢光照充足的环境，也比较能忍受荫蔽，可以长期置于房间里光线充足的地方。

（5）温度　枸骨喜欢温暖，也具一定程度的抵御寒冷的能力。它可以忍受较短时间的低温。晚上温度不适宜在3℃以下，白天温度最好不要超过25℃。

（6）浇水　夏天每日上午浇一次水，且要时常给叶片喷水；春天和秋天每2～3天浇一次水；冬天令盆土维持偏干燥状态就可以。

（7）施肥　在枸骨植株的生长季节，可以大约每隔15天施用浓度较低的腐熟的饼肥水一次。冬天仅需施用一次有机肥作为底肥，以后则不要再对植株追施肥料。

（8）繁殖　枸骨经常采用播种法及扦插法进行繁殖。

（9）修剪　每年夏天和秋天要分别对植株进行一次适度的修剪，把稠密枝、徒长枝、干枯枝和病虫枝剪掉，对长得太长的枝条进行短截，以维持一定的植株形态。

（10）布置摆放　枸骨四季常绿，既可直接在庭院里地栽观赏，也可盆栽用来装饰客厅，还可制作成盆景摆放在书房、客厅的窗台和案几上。

八、“解暑开胃”的蜡梅

蜡梅又名金梅、腊梅、蜡花、黄梅花，属于蜡梅科蜡梅属，落叶灌木。蜡梅在百花凋零的隆冬绽蕾，斗寒傲霜，给人以精神的启迪、美的享受。蜡梅适合庭院栽植，又适合作古桩盆景和插花与造型艺术，是冬季赏花的理想名贵花木。蜡梅花芳香美丽。图7-39所示为蜡梅盆栽。

1. 保健功效

蜡梅的花蕾、根、根皮均可入药。花蕾味辛，性凉，有解暑生津、开胃散郁、止咳功效。根皮味辛，性温，具有祛风、解毒、止血的功效。根皮可外用治疗刀伤出血。

2. 养护指南

（1）选盆　蜡梅对花盆的选择性不高，瓦盆、陶盆、紫砂盆等都可以用来栽种蜡梅。蜡梅为深根性树种，应用深盆、大盆栽植。

（2）择土　蜡梅宜选择土层深厚、排水良好的轻壤土栽培，以近中性或微酸性土壤为佳。忌碱土和黏性土。

图 7-39　蜡梅盆栽

（3）栽培　上盆前，在整株蜡梅中选择一根粗壮的主枝，将主枝上的枝条从基部剪掉，只留 3 根分布均匀的侧枝，对主枝进行截顶。在花盆底部铺一层基肥，在基肥上盖一层薄土。将蜡梅放在花盆中央，扶正，用培养土压紧，浇透水。上盆后放到阴凉处 1 个月左右，再放到阳光充足的地方进行养护。上盆以冬、春两季为宜。

（4）光照　蜡梅喜欢阳光，生长期要处在阳光充足的环境中，每天至少要让阳光直射 4h 以上。花期忌阳光直射，可放在光照柔和处。

（5）温度　蜡梅生长的适宜温度在 14～28℃，但只有在 0～10℃ 的温度下才能正常开花。冬季最好将植株放在室内，保持室温 5～10℃。开花期的温度不可过高，若超过 20℃，花朵就会很快凋谢。

（6）浇水　平时浇水以"不干不浇，浇则浇透"为原则。三伏天的气温偏高，此时要多浇水，保证花芽正常发育，植株正常生长。花期前或开花期要注意适量浇水，如果浇水过多容易积水，花蕾容易掉落；浇水过少又会使叶片上留下若干发白的斑块，影响花芽的形成，造成花朵小且稀疏不齐，影响观赏。

（7）施肥　一般来说，每年 5～6 月每隔 7 天施一次液肥。7～8 月可每隔 15～20 天施一次肥，肥水的浓度应稀一些。秋后再施一次肥，以供开花时对养分的需要。入冬后不用再施肥，否则会缩短花期。

（8）繁殖　蜡梅常用嫁接、扦插、压条或分株法进行繁殖。

（9）修剪　蜡梅开花后要及时修剪枝条，花枝长于 20cm 的部分都要剪除，并且将前一年的长枝剪短，留 1～2 对芽即可。

（10）布置摆放　蜡梅可以放在室内阳光比较充足的地方，如朝南的阳台、窗台。也可以直接栽种在庭院里观赏，但注意不要栽种在树荫下，否则会导致花开稀疏甚至不开花，影响观赏。

九、"活血散瘀"的凌霄花

凌霄花又名紫葳。凌霄边缘有锯齿，花鲜红色，花冠漏斗形，主要分布于中国中部地区，图7-40所示为凌霄花盆栽。

图 7-40　凌霄花盆栽

1. 保健功效

凌霄花是一种传统中药材，花、根、茎都可以入药。其花味辛酸，性微寒，归肝、心包经，具有行血祛瘀、凉血祛风的功效，其根味苦，性凉，具有活血散瘀、解毒消肿的功效。

2. 养护指南

（1）选盆　栽种凌霄花一般选择使用口径为30cm左右的花盆。

（2）择土　凌霄花对土壤没有严格要求，有一定的耐盐碱性能力，在沙质壤土、黏壤土中均能生长，但以疏松肥沃、通透性强、排水良好的土壤最为适宜。

（3）栽培　可在春季或雨季进行，选择5年生以上植株，将主干留高30～40cm，修剪根系，只保留主要根系，将其插于疏松肥沃、通透性强的培养土中，垫一些基肥。一次浇透水，将其放置在温暖的环境下，20天后即可生根。待植株萌发出侧枝后只留上部3～5个枝条，将下部枝条剪去，使之呈伞形。控制水肥，不要使其生长过旺，经过一年培养即可成型。

（4）光照　凌霄花属喜欢光照的强阳性植物，在生长季节要接受充足的阳光照射，这样对其生长发育及开花都很有利。

（5）温度　凌霄花生长最佳适宜温度为23～25℃。

（6）浇水　生长期应保持盆土适度湿润，后期管理可放宽些。

（7）施肥　每月施1～2次液肥。开花前，可以施复合肥、堆肥，并进行适当灌溉。夏季现蕾后，摘除多余的花蕾后加施一次液肥。

（8）繁殖　繁殖方式有压条、扦插、分株及播种。因为凌霄花种子得之不易，所以繁殖主要采用压条法、扦插法。压条繁殖一般在夏季，扦插多选带气生根的硬枝春插。

（9）修剪　春季萌芽前后要适当疏剪枯枝和过密的枝干，使树形合理，以利于植株生长，每年冬季也需要修剪枝干，疏除枯枝。

（10）布置摆放　凌霄花因其可以附物攀缘的特性，适宜放置在采光良好的阳台，可让其沿着窗户向上生长，极具观赏价值。

十、"清热解毒"的薄荷

薄荷又名仁丹草、苏薄荷、水薄荷等。薄荷的株高 90cm 左右，锯齿状叶片被毛，轮伞状花序腋生，花色有淡红色、淡紫色、粉红色或白色。图 7-41 所示为薄荷盆栽。

图 7-41　薄荷盆栽

1. 保健功效

薄荷散发出的特殊香气含有挥发油，具有杀灭细菌和病毒的作用。薄荷全草可入药，具有清热解毒之功效，煎煮含服可治风热感冒、牙痛、口腔溃疡、头痛目赤、麻疹、胸胁闷痛。

2. 养护指南

（1）择土　薄荷喜疏松肥沃、排水性佳的沙质壤土，可用腐叶土或山泥与河沙、有机肥料混合。

（2）光照　薄荷喜暖，喜湿润，因此，阳光应充足。

（3）温度　薄荷耐寒性强，适宜温度 20～30℃，越冬温度不得低于−6℃。

（4）浇水　薄荷较耐旱，但生长期应适当增加浇水量，盆土保持湿润。

（5）施肥　食用性薄荷使用有机肥，观赏性薄荷使用速效肥，生长期每半个月施肥一次。

（6）修剪　盆栽薄荷高度超过 25cm 时，齐平修剪掉 5～10cm。

（7）繁殖　薄荷多采用根茎繁殖法，在 3～4 月或 10 月下旬，将母株的地下根茎挖出后，选新鲜、白色粗壮且节短的根茎，将其截成 6～10cm 的小段，纵向摆在基质中，施入基肥后覆土，繁殖期间保持基质湿润。

（8）布置摆放　薄荷可摆放在阳台、书桌、窗台等处。

参 考 文 献

[1] 冯天哲. 家庭养花三百问. 北京：金盾出版社，1988.

[2] 鲁涤非. 花卉学. 北京：中国农业出版社，1998.

[3] 陆时万. 植物学. 北京：高等教育出版社，2000.

[4] 贺振，张连生，庞建军. 花卉病虫害防治. 北京：中国林业出版社，2000.

[5] 余树勋. 中国名花丛书. 上海：上海科学技术出版社，2000.

[6] 周成刚，齐海鹰. 名贵花卉病虫害鉴别与防治. 济南：山东科学技术出版社，2002.

[7] 朱天乐. 室内空气污染控制. 北京：化学工业出版社，2003.

[8] 徐鸿儒. 居家室内环境保护. 北京：中国建筑工业出版社，2003.

[9] 吴文涛，吴志旭. 家居健康与禁忌. 天津：百花文艺出版社，2004.

[10] 王路昌. 现代绿饰花艺. 上海：上海科学技术出版社，2004.

[11] 张小勇，邓富贵. 家庭养花 1000 问. 贵阳：贵州人民出版社，2004.

[12] 张光宁，顾永华，汪毅. 室内植物装饰. 南京：江苏科学技术出版社，2004.

[13] 冷平生，侯芳梅. 家庭健康花草. 北京：中国轻工业出版社，2007.

[14] 赵庚义，车力华. 花卉商品苗育苗技术. 北京：化学工业出版社，2008.

[15] 劳秀荣，张昌爱. 家庭花卉养植技巧点拨. 北京：中国农业出版社，2014.